ŒNOLOGIX 2
Objectif dégustation!

漫畫葡萄酒2

零基礎品酒養成記！從釀造原點拆解品飲技術，史上最強的餐酒搭配祕笈

VV0128

漫畫葡萄酒 2

零基礎品酒養成記！從釀造原點拆解品飲技術，史上最強的餐酒搭配祕笈

原 著 書 名／ŒNOLOGIX 2 - Objectif dégustation!
作　　　　者／方斯瓦‧巴許洛 François Bachelot
繪　　　　者／文森‧布瓊 Vincent Burgeon
譯　　　　者／劉永智 Jason LIU
特 約 編 輯／郭羽漫

出　　　　版／積木文化
總　編　輯／江家華
責 任 編 輯／陳佳欣
版 權 行 政／沈家心
行 銷 業 務／陳紫晴、羅仔伶

發　 行　 人／何飛鵬
事業群總經理／謝至平
　　　　　　　城邦文化出版事業股份有限公司
　　　　　　　台北市南港區昆陽街16號4樓
　　　　　　　電話：886-2-2500-0888　傳真：886-2-2500-1951

發　　　　行／英屬蓋曼群島商家庭傳媒股份有限公司城邦分公司
　　　　　　　台北市南港區昆陽街16號8樓
　　　　　　　客服專線：02-25007718；02-25007719
　　　　　　　24小時傳真專線：02-25001990；02-25001991
　　　　　　　服務時間：週一至週五上午09:30-12:00；下午13:30-17:00
　　　　　　　劃撥帳號：19863813　戶名：書虫股份有限公司
　　　　　　　讀者服務信箱：service@readingclub.com.tw
　　　　　　　城邦網址：http://www.cite.com.tw

香 港 發 行 所／城邦（香港）出版集團有限公司
　　　　　　　香港九龍土瓜灣土瓜灣道86號順聯工業大廈6樓A室
　　　　　　　電話：852-25086231　傳真：852-25789337
　　　　　　　電子信箱：hkcite@biznetvigator.com

馬 新 發 行 所／城邦（馬新）出版集團 Cite (M) Sdn Bhd
　　　　　　　41, Jalan Radin Anum, Bandar Baru Sri Petaling, 57000 Kuala Lumpur, Malaysia.
　　　　　　　電話：603-90563833　傳真：603-90576622
　　　　　　　電子信箱：services@cite.my

封面設計／PURE
內頁排版／藍天圖物宣字社
製版印刷／上晴彩色印刷製版股份有限公司

Originally published in France as:
Oenologix. Tout savoir sur le vin en BD by François BACHELOT and Vincent BURGEON © Dunod 2022, Malakoff
Current Traditional Chinese language translation rights arranged through The Grayhawk Agency, Taiwan.
Traditional Chinese edition copyright:2024 CUBEPRESS, ADIVISION OF CITE PUBLISHING LTD.
All rights reserved.

【印刷版】
2024年5月28日　初版一刷
定　　價／599元
I S B N／978-986-459-599-0
【電子版】
2024年5月
I S B N／978-986-459-597-6（EPUB）
Printed in Taiwan.
版權所有‧翻印必究

國家圖書館出版品預行編目 (CIP) 資料

漫畫葡萄酒 2：零基礎品酒養成記！從釀造原點拆解品飲技術，史
上最強的餐酒搭配祕笈／方斯瓦‧巴許洛（François Bachelot）著；
文森‧布瓊（Vincent Burgeon）繪；劉永智（Jason Liu）譯 . -- 初版 .
-- 臺北市：積木文化，城邦文化出版事業股份有限公司出版：英屬
蓋曼群島商家庭傳媒股份有限公司城邦分公司發行 , 2024.05
　面；　公分
譯自：ŒNOLOGIX. 2, Objectif dégustation!
ISBN 978-986-459-599-0（平裝）

1.CST: 葡萄酒

463.814　　　　　　　　　　　　　　　　　113005062

方斯瓦‧巴許洛 FRANÇOIS BACHELOT 著
文森‧布瓊 VINCENT BURGEON 繪
劉永智 Jason LIU 譯

ŒNOLOGIX 2
Objectif dégustation!

漫畫葡萄酒 2

零基礎品酒養成記！從釀造原點拆解品飲技術，史上最強的餐酒搭配祕笈

積木文化

編劇與對話

方斯瓦・巴許洛

分鏡與腳本

方斯瓦・巴許洛與文森・布瓊

繪圖、上色與編輯

文森・布瓊

夏洛特

自稱為「葡萄酒怪咖」。不管是葡萄酒化學，或是葡萄園的地理與風土，她都瞭若指掌。誰有葡萄酒問題，她都能及時救援，且總是電力滿滿，準備上工！

尚

業務主任

本公司創始人。環法自行車賽選手普力多（Raymond Poulidor）的環法的次數還沒他多：法國葡萄園他可是走透透。尚就像一瓶偉大的葡萄酒，愈老愈迷人。不僅如此，他的窖藏非常驚人，但可不輕易示人……

路西安

藝術總監

他使用畫筆的手法一如在餐桌上使用刀叉：快速精準。方圓百里之內只要有美食的小道消息，他立馬趕到。雖然愛吃，但同時也是個健康寶寶，因為他是自行車健身的狂熱者。

https://www.bakanale.fr

BK 巴卡諾 酒業行銷

總部在巴黎的酒類專業行銷公司
帶您深入美酒核心

葡萄酒、啤酒、各式烈酒，只要是酒，我們無一不精！我們的服務項目：酒類營銷策略建議、企業形象塑造、數位與實體編輯印刷、品酒活動策劃……

巴卡諾行銷永遠與您「酒在一起」！

法文・英文

專營項目　　合作夥伴　　關於我們　　與我們聯繫

酒莊與釀酒合作社　　產區與風土　　品酒活動與酒展　　酒業動態與相關設備

6月20日

蜜月旅行

馬克，醒醒！喝開胃酒的時間到了！要不要去**葡萄酒專賣店**喝一杯？

呼呼……噗嚕嚕……啥事？

愛諾特卡
← 500公尺

日安噢！請來兩杯隆布斯可……再來些豬肉冷盤，謝謝您。

日安

好的，馬上來！

帶氣泡的紅酒？！

這氣泡是怎麼弄進去的？

不是弄進去，是將氣泡留在瓶裡！

葡萄酒是**發酵葡萄汁**：**酵母**吃掉葡萄的**糖分**，以產生**酒精**與**二氧化碳**。

如果在發酵後期將葡萄酒裝瓶，避免二氧化碳氣泡自瓶中逸散出去，就能形成**氣泡酒**啦！

原來如此，香檳也是這樣釀的？

等一下……我幫你畫張簡圖……

這種釀法被稱為**老祖宗法**。

糖分　　酵母　　　酒精　二氧化碳

不一樣噢，香檳是採用「瓶中二次發酵法」。

啊，對耶，我想起來了……*

來，乾一杯吧！

兩位年輕人，要不要嚐嚐我們的**老媽義大義麵**呀？！

好啊，為何不？

醬汁材料有**番茄**、**葡萄酒**……

非常美味唷！

……**香腸**、**獅子頭**肉球！

我跟你們推薦真心不騙的好喝紅酒……

好耶！

拜託來款美味的**奇揚第**地酒吧！

沒問題！我跟老媽說一聲！

啊，奇揚第紅酒！

咦……一般不都是有包裹麥桿的胖胖瓶嗎？

這款最讚～有黑色公雞標章的**古典奇揚第**……

豬肉冷盤還不配酒吃掉，我就幫你解決囉！

不……！那是給**不懂的觀光客**喝的……

證明它是來自奇揚第葡萄園這個歷史核心地帶！

啵！

*看來馬克有讀過《漫畫葡萄酒》第一集。

8

嗯，聞聞酸櫻桃、香料和油漬番茄氣息……

入口後，單寧雖多，但柔美果味將其包覆……

展現了被稱為「朱比特之血」的山吉歐維榭品種的最佳能耐！

搭配「老媽義大義麵」，再完美不過啦！

明天我們要出發去杜林以及皮蒙區囉……

……要去那裡品嚐以內比歐露品種釀成的巴羅鏤紅酒。

歐耶，好吃的義大利麵來囉！

厲害耶，路西安，你的葡萄酒知識有長足進步呢！義大利酒你也懂！

嗯，是啦，我是有進步咧……

還是說，夏洛特跟尚在出發之前幫你上了堂速成班……

呃，他們是有幫一些忙……

好啦，趁熱吃囉，麵都要冷掉了……

ENOTECA

羅馬 235公里
佛羅倫斯 65公里

葡萄酒的釀造

糖　　　酵母　　　　　酒精　　二氧化碳

氣泡酒的釀造

靜態酒
(無氣泡葡萄酒)

二氧化碳

發酵

二氧化碳
自發酵槽逸散出去

老祖宗氣泡酒釀造法
(法國與義大利等……)

發酵

二氧化碳

二氧化碳
留在瓶中

以傳統法釀造氣泡酒
(香檳與法國各產區的
Crémants等……)

二氧化碳

第一次酒精發酵

二氧化碳
自發酵槽逸散出去

+ **第二次瓶中酒精發酵**

二氧化碳

二氧化碳
留在瓶中

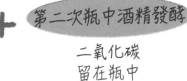 

義大利葡萄酒

奧地利

瑞士

隆布斯可
（別具特色的紅色氣泡酒）

波賽可
（可調 Spritz 開胃酒或是單喝）

巴羅鏤

杜林　米蘭

威尼斯

法國

克羅埃西亞

波隆那

佛羅倫斯

蒙鐵布奇亞諾
（蒙鐵布奇亞諾品種紅酒很美味）

奇揚第

羅馬

地中海

拿坡里

火山岩土壤

巴勒摩

奇揚第

奇揚第

v.s.

巴羅鏤

這兩種義大利近親葡萄酒，有時不易辨認。雖說兩者都能嗅到紅色與黑色水果氣息，但**奇揚第**展現更多辛香料與番茄氣味，而巴羅鏤則釋放出獨特的黑李乾、玫瑰花與瀝青氣息。

巴羅鏤的口感較為嚴肅，其酸度與單寧常常需要至少十年的瓶中陳年來軟化。

巴羅鏤

品飲筆記

結論

何者勝出？

品飲筆記

奇揚第

v.s.

巴替摩尼歐

釀造**奇揚第**的主要品種是山吉歐
維榭，而本品種也能在法國科西
嘉島上找著，當地稱為涅魯秋。
科西嘉的**巴替摩尼歐**法定產區，
便以涅魯秋為主要釀酒品種。以
上這兩種酒都具有可口果味和腴
潤質地，也頗為醇厚帶勁。

你能在這隔著地中海遙望的兩個
產區紅酒中，找到細微的相似與
相異處嗎？

奇揚第

巴替摩尼歐

Chianti

PATRIMONIO

品飲筆記

結論
何者勝出？

神祕酒瓶裡裝著的是……
盲飲之夜　6月30日

咕嚕！

簌嚕！

呼嚕嚕……

唬嚕嚕……

你還好嗎？

對了，還記得前兩天跟你解釋過的法國葡萄酒地圖嗎？

依據產區差異，酒的**酸度**與酒精度也有所不同；愈靠近**北方**愈**冷涼**，**酸度**也更明顯……

北方·海洋性氣候

酸度

北方·大陸型氣候

酸度/酒精

酒精/酸度

酒精

南方·海洋性氣候

南方·地中海型氣候

……產區愈靠近**海洋**，拜氣候所賜，也會產生同樣的效果。

愈靠近**南方**或遠離**海洋**，氣候愈**熱**，**酒精度**也愈高。葡萄酒就是**地理環境的投射**！

唉……我的地理一向很爛！

如何，有概念了嗎？

對啊，相當脂潤……

但也有一些不錯的酸度。

口感相當圓潤呢……

如果是**夏多內**的話，應該來自**布根地**優秀的法定產區。

我猜是普里尼–**蒙哈榭**，或甚至是**梅索**！

答案揭曉：的確是夏多內白酒，不過……

*編注：巴黎「Paris」與帕里斯「Pâris」的法語唸起來同音。

加州酒名列前茅成為冠軍，不論紅、白酒都是！

部分評審對結果感到憤慨，還試著取回品酒單，但生米已經煮成熟飯，來不及了。

這場「巴黎審判」一開始並沒有受到太多媒體關注……

幾年過去，此事件益發顯得重要，甚至被認為是美國酒在世界舞臺上嶄露頭角的決定性關鍵。

喔耶！！

這段歷史可是幫我們上了一課：

品酒本身就是種「謙遜的練習」。

不過，如果我的理解無誤……

這場**巴黎審判**其實就是種美國葡萄酒的「特洛伊木馬屠城記」，讓它們可以攻入世界頂尖美酒的城牆之內，與各家名釀一較高下囉？

很會欽你！

哈哈哈，就是這樣沒錯！

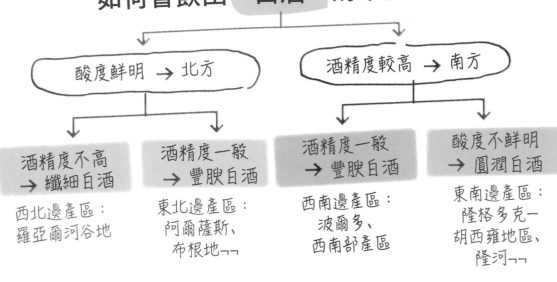

如何盲飲出 白酒 的來處

酸度鮮明 → 北方

酒精度較高 → 南方

酒精度不高
→ 纖細白酒

西北邊產區：
羅亞爾河谷地

酒精度一般
→ 豐腴白酒

東北邊產區：
阿爾薩斯、
布根地¬¬

酒精度一般
→ 豐腴白酒

西南邊產區：
波爾多、
西南部產區

酸度不鮮明
→ 圓潤白酒

東南邊產區：
隆格多克─
胡西雍地區、
隆河¬¬

美國的葡萄酒

華盛頓州

紅酒以波爾多兩個主要品種卡本內蘇維濃和梅洛釀
成，白酒主要是麗絲玲（和阿爾薩斯一樣！）

紐約州

建議試試當地品種康科
德（釀成紅酒）與卡托
芭（釀成白酒）！

奧瑞岡州

能釀出神似布根地
的黑皮諾

西雅圖

波特蘭

舊金山

紐約市

加州

美國酒的麥加聖地！
除了夏多內、卡本內蘇維濃釀得好，
還有特色品種金芬黛（也值得一嚐！）

夏布利

馬貢

課後品飲習題

夏布利

v.s.

馬貢

讀者倒是不用特地跑到加州來一場夏多內白酒的對照品酒會，產區限定在布根地就行囉！先選一瓶布根地最北邊的**夏布利白酒**，再選一瓶布根地南邊的馬貢或普依－富塞（Pouilly-Fuissé）來進行比較。夏布利比較酸爽，礦物質風味較為明顯，具有白花以及柑橘類氣息；馬貢的酒體比較豐腴圓潤一些，有更明確的白色水果或異國熱帶水果風味。

品飲筆記

結論

何者勝出?

品飲筆記

如何安排一場
品酒會

一場成功的品酒會仍有一些最起碼的準備。以下提供您幾個建議，
可依據所需來做調整。

先以神祕酒款開場

讓與會的其中一位酒友帶一瓶神祕酒款讓大家盲飲，如此可讓大家
的味蕾甦醒並活絡氣氛。不過，品酒順序還是需要注意：如果品酒
會主題是蜜思卡得白酒，那麼一開始的盲飲酒款就別選來自法國西
南部、單寧厚重的紅酒做開場……猜中神祕酒款者（或最接近答案
的人），就換他在下次品酒會時帶一瓶神祕盲飲酒款。

選擇品酒主題

如果讓大家各自隨意攜帶酒款，就無法從這種缺乏主題的品飲中學
到什麼。因此，最好選定一個品酒主題、事先選定酒款，與會者才
能從不同面向去做比較式品飲。

主題可以選定一個品種（不同產區的同一品種）、一個產酒地區
（比較地區範圍內的不同法定產區）、一個特定法定產區（比較不
同酒莊的釀品），或是比較某種類型的酒款……依據經驗，這類小
型品酒會，準備四瓶酒就已經相當足夠。

需要準備吐酒桶嗎？

如果您準備進行「嚴肅而認真」的品飲，建
議準備吐酒桶（如果不想購買專業吐酒桶，
也可以用冰桶或大的沙拉碗代替）以及中性
的麵包，好維持味蕾的乾淨與敏感度。另外
一種方式是不吐酒，並在品飲中途吃些搭酒
小食物；然而在未吐酒的情況下，味覺會更
快呈現疲累狀態。

歡迎大家來到**火山主題樂園**！

火山葡萄酒

數百萬年前，本地火山爆發，熔岩被噴濺而堆積在利曼平原上。

利曼平原

喂，路西安！

幹麼？

隨著時間推移，熔岩周遭的沉積土因風化作用而消失，而較為堅硬的熔岩就被留在原地，形成火山岩高原。

堅硬的熔岩

沉積土壤

該走了，客戶在等我們……

哎，真糟糕！

嘘嘘嘘！

!?

時至今日，這些火山岩塊或多或少被散落在各處，也為歐維涅區的葡萄酒帶來特殊風味。

不好意思……

抱歉！

哎唷！

坐下啦！

喂，你踩到我的腳了……

剛才的歐維涅產區風土介紹真有意思！

沒錯，但風土不僅限於土質的探討。

氣候也很重要！

歡迎來到火山主題樂園

來自西邊的**濕冷空氣**被火山群擋住，同時阻擋了飽含水氣的雲層……

使得東邊的葡萄園得利於**又熱又乾燥**的氣候。

我們稱此為**焚風效應**。

火山群

克雷蒙菲宏市

N O e S

不過女莊主路迪雯等下會解釋地更清楚一些。

方科爾酒莊

哈囉！

查理！臘腸切盤準備一下噢，葡萄酒行銷公司的人來啦！

日安，路上都順利嗎？

嗯，很順，我們還趁機複習了一下火山土質與焚風效應！

我都快變成風土學老師了！

啊，風土還有其他需要考慮的因素噢！

像是地形學⋯⋯

以本園為例，葡萄樹被種植在海拔400~500公尺處，即便在夏季，夜晚都顯得冷爽。

品種對於本地葡萄酒風味的影響也是。

然而，風土的第五個元素才至關重要⋯⋯

就是我們，**酒莊裡工作的男男女女**！

從葡萄園到釀酒窖，我們下的所有決定，都攸關酒質與其風味特性。

講得夠多了，不如來實際品嚐一下吧！

就在這裡品酒吧，
心曠神怡，
效率更好噢！

這款「火山」是我們的新品，以百分之百的加美釀成。

明亮美麗的紅石榴色澤，氣味以紅色水果為主，帶一點香料感。

入口時果香清鮮可口……有一絲胡椒氣息？

沒錯，這是火山風土的特性。我帶你們去實際看看……

火山大爆發時，熔岩碎塊因被強力噴發而四散在火山附近……

這些碎岩塊就這樣藏身在園區土壤裡，如同被撒了黑胡椒。這類岩塊被稱為**熔積岩**！

……原來，胡椒風味是這樣產生的！

這是瞎貓碰上死耗子啦，應該是不錯的行銷切入點吧？

既然來了，我們下酒窖去嚐嚐經過小型橡木桶培養的黑皮諾？

另一個品種，另一種風土，試試兩者的差異吧！

果香迷人，帶些香料調，酒體相當豐潤。釀得很棒呢！

好像聞不到太多桶味？

對嘍，即便在木桶培養期，葡萄酒仍會帶些香料與燻烤氣味，但目的並不是要讓葡萄酒變得更香……

我們是把酒放在桶中培養，而非把橡木桶泡在酒裡！

酒質培養的主要目的，是讓葡萄酒藉由橡木桶壁或桶塞空隙與外界空氣接觸，以進行**微氧化**，讓酒質顯得更圓潤。

酒體因而顯得更加飽滿，單寧也更柔美。

嘿嘿嘿

啊，**歐維涅臘腸拼盤**弄好了，我們上去享用吧！

地下酒窖還能收到訊號？

我Wi-Fi路由器到處都有裝呀！

我愛臘腸，還好我留了一杯黑皮諾！

建議你搭「火山」加美那一款，它比較酸香有活力。

真假？為何啊？

你吃臘腸時，通常搭什麼一起吃？

呃，酸黃瓜呀。

有沒有想過為何？因為酸黃瓜的酸度可以切穿臘腸或火腿的油脂，這樣解膩。

葡萄酒的搭配也是同樣的道理，應該搭酸度較明顯的酒款。

也因此，絕大多數的情況下，酸爽的白酒與風乾臘腸就是絕配呀……

我瞭了，現在也感覺清爽有活力呢。那我們大快朵頤囉？

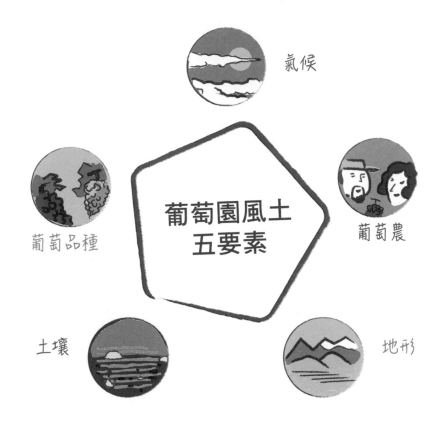

氣候

葡萄品種

葡萄園風土
五要素

葡萄農

土壤

地形

以橡木桶培養酒質

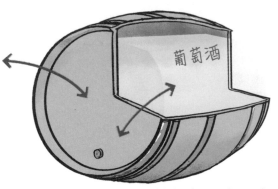

微氧化作用
葡萄酒的架構與質
地會隨時間演進：
酒體變得圓潤，單
寧則更加柔美。

葡萄酒

酒液與橡木桶的交換作用
葡萄酒的風味會隨時間變化，因而帶有煙燻、
香料，甚至是香草莢的氣息。

歐維涅丘

V.S.

薄酒來

歐維涅區的風土能讓加美展現特有風味,而加美……其實是薄酒來的招牌品種!若能同時比較兩產區的加美,會是激發思考與學習的好主意。這裡建議只選擇經不鏽鋼槽培養的酒款(以避免新桶干擾而無法嚐出風土之味):先選一款**歐維涅丘**的火山風土加美(市面上可以找到多個令人聯想到火山的相關酒款),再選一款**薄酒來優質村莊(Cru)**的紅酒來做比較,如:聖愛、布依或弗勒莉。

您可試著在歐維涅丘紅酒裡尋找胡椒氣息,或在薄酒來優質村莊裡探尋花香蹤跡,兩者的背景裡都帶有紅色水果風味。

歐維涅丘

CÔTES D'AUVERGNE

TERROIR VOLCANIQUE

薄酒來

SAINT AMOUR

品飲筆記

結論
何者勝出?

臘腸、風乾火腿、豬肉醬，
搭白酒還是紅酒好？

豬肉熟食類食物通常鹹香、高油脂，最佳搭檔就是酸度較鮮明的葡萄酒。酒款選擇可從法國西北部去找，也就是羅亞爾河流域產區：可以是白梢楠品種白酒（例如：安茹與梧雷法定產區），或是白蘇維濃品種白酒（例如：源自都漢區或松塞爾法定產區）；如果稍微再往東邊一些的布根地去找，不妨試試夏布利。紅酒則建議安茹區或都漢區的加美紅酒，布戈憶的卡本內弗朗紅酒也是不錯的選擇。

其實豬肉熟食類的選擇不少，可以都找來試試，像是不同地區的風乾臘腸、風乾火腿、不同風味的豬肉醬，甚至是源自布根地的洋香芹火腿。

羅傑！你沒看關於今晚派對的Email？
「除了酸度與酒精之外，紅酒還帶有……」
嗯……單寧嗎？
對啦！「單寧會讓人感到嘴巴乾澀……
……同時會帶來苦韻」
酸度
酒精
單寧
乳酪可大致分為**乾質乳酪**……
……或帶苦味的**軟質乳酪**
乾質乳酪
軟質乳酪
將紅酒的單寧與乳酪的苦韻結合在一起，口感會更不舒服！
所以，親愛的羅傑，你那高油脂又帶苦的康門貝爾……
我會拿這個來搭……
嗯嗯？
……香檳啦！
啵！
沒想到可以這樣搭……乳酪配香檳，我等不及試試看啦！
來，這組合超棒的！
尚今晚怎沒來？
會唷！他回葡萄牙了，不過要看時間，他的飛機應該剛抵達巴黎奧利機場！

好啦，我們現在來試一個傳統的地區性搭配，真的很搭喔！

山羊奶乳酪是要配……

……紅酒？

……是**白酒**喔，而且也來自同一個地區：松塞爾！

你試了就知道，這白酒……

真糟糕，我忘了帶開瓶器！

應該掉在瑜珈教室了！

好吧，沒關係。現場一定有人隨身帶著一支吧？

嗯……

這個嘛……

啥……

攝影棚的有沒有帶？

嗯，上次幫路西安修自行車時，弄斷一支……

酒商們，有人有嗎？

啊……上次有機酒展時，全賣光了欸！

會計部門咧？

會計部平常不放酒的……

對，錢錢很多，開瓶器沒有！

行銷夥伴們，有嗎？

我們都當贈品送給客戶了耶……

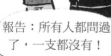

報告：所有人都問過了，一支都沒有！

拜託，不會吧！

我們可是法國首屈一指的葡萄酒行銷公司，卻連開酒的工具都沒有！

我來！

幹麼啦，羅傑？

向你展示一下我的家鄉開酒祕技！

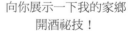

**羅傑叔叔
怪招小教室**
不需開瓶器，
照樣可以開瓶

1. 如圖所示，把酒瓶放在鞋後跟處

2. 接著像這樣，手持酒瓶敲擊鞋底根數次

3. 軟木塞會漸漸退到瓶頸外，當能抓住一節木塞時，用力拉出即可

厲害吧！

開紅酒也可以呦⋯⋯

喂，羅傑叔叔，我要你左手那個⋯⋯

真了不起，羅傑的「神之一手」！

我還是希望尚的行李箱裡有一支開瓶器，我們總不能把辦公室的牆都砸爛⋯⋯

大家晚安！

啊⋯⋯尚總算來了！

尚，你應該有開瓶器吧？

開瓶器，你在跟我開玩笑？機場管制可嚴了，我連一把指甲銼刀都帶不上去！

不過我帶的這瓶**波特酒**可方便了，軟木塞上有塑膠蓋⋯⋯

用手拔出來就好囉！

太讚了，波特酒！跟我帶的洛克福藍黴乳酪是絕配耶！

對了，用紅酒搭乳酪，我知道有人就愛這一味⋯⋯

你說對了，小子，在我家鄉⋯⋯

33

葡萄酒與乳酪的搭配

乳酪種類	代表性乳酪	適搭葡萄酒	代表性葡萄酒
山羊乳酪	夏威紐霍丹乾酪、聖艾格起司、夏比丘山羊乳酪	酸度較明顯的白酒	白蘇維濃品種（如松塞爾產區）或白梢楠品種（如蒙路易產區）
白黴外皮軟質乳酪	康門貝爾乳酪、布里乳酪、夏勿斯軟質白黴乳酪	氣泡酒	香檳、各產區的 Crémant 氣泡酒，甚至是蘋果氣泡酒
洗皮軟質乳酪	伊泊斯洗皮乳酪、利瓦羅洗浸乳酪、孟斯戴乾酪	較強勁的白酒	維歐尼耶品種（如恭得里奧產區）或格烏茲塔明那品種（阿爾薩斯產區）
壓製生乳酪	康塔爾起司、莫爾比耶乳酪、聖奈克戴爾乾酪	較強勁的白酒（或較清爽的紅酒）	隆河丘白酒或薄酒來以及都漢區紅酒
壓製熟乳酪	康堤乳酪、蒲福硬質乳酪、葛瑞爾起司	較強勁的白酒	黃酒（侏儸區）、在橡木桶培養的布根地白酒
藍黴乳酪	洛克福藍黴乳酪、拱佐諾拉乳酪	甜葡萄酒	波爾多索甸、晚摘甜酒（阿爾薩斯）、班努斯（甜紅酒）

葡萄牙葡萄酒

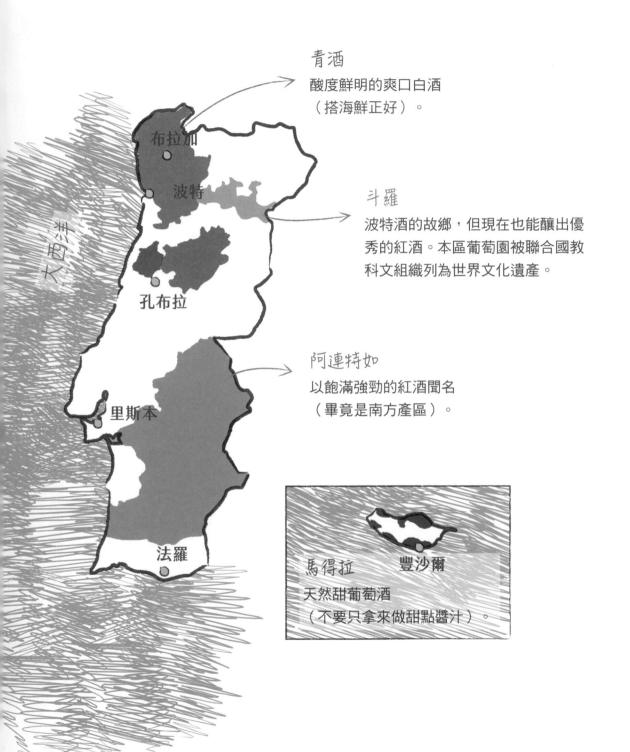

青酒
酸度鮮明的爽口白酒
（搭海鮮正好）。

斗羅
波特酒的故鄉，但現在也能釀出優
秀的紅酒。本區葡萄園被聯合國教
科文組織列為世界文化遺產。

阿連特如
以飽滿強勁的紅酒聞名
（畢竟是南方產區）。

大西洋

布拉加

波特

孔布拉

里斯本

法羅

馬得拉　　　豐沙爾
天然甜葡萄酒
（不要只拿來做甜點醬汁）。

葡萄酒搭配乳酪的品嚐會，該如何安排？

為了完美安排酒酪搭配品嚐會，這裡提供幾項建議，您可依據需求來調整。

遵循「自弱漸強」的規則

為避免味蕾過早疲乏，請先品嚐清新爽口（二氧化碳氣泡特色）的氣泡酒，接著是具輕巧（酸度較高）的白酒，再來是酒體較強勁（酒精度較高或芳香型品種）的白酒，最後才是殘糖量較高的甜酒。乳酪的品嚐也是由弱到強：先品嚐山羊乳酪，最後才品試洛克福藍黴乳酪。

遵循「強度相當」的法則

搭配質地較細膩的乳酪（例如：山羊乳酪），請選用酸度較高的清爽型葡萄酒；乳酪的質地較為扎實或是味道較重者，請搭配較為強勁的白酒（甚至是甜酒）。可參照第34頁的表格。

建議「地酒地酪」的原則

同一地區風土的葡萄酒與乳酪通常一拍即合，比方山羊乳酪搭配羅亞爾河葡萄酒；侏儸區的康堤乳酪搭配黃酒；阿爾薩斯的格烏茲塔明那白酒搭配孟斯戴乾酪；香檳搭配同地區的夏勿斯軟質白黴乳酪……

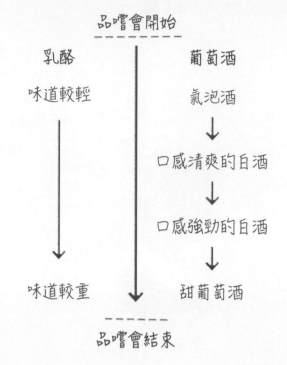

品嚐會開始

乳酪	葡萄酒
味道較輕	氣泡酒
	口感清爽的白酒
	口感強勁的白酒
味道較重	甜葡萄酒

品嚐會結束

葡萄酒與乳酪的地區聯姻地圖

康門貝爾乳酪 + 蘋果氣泡酒

孟斯戴乾酪 + 格烏茲塔明那

山羊乳酪 + 羅亞爾河白酒

夏勿斯軟質白黴乳酪 + 香檳

康堤乳酪 + 黃酒

聖奈克戴爾乾酪 + 歐維涅丘葡萄酒

康門貝爾乳酪：
搭配香檳
還是紅酒好？

康門貝爾跟紅酒真的不搭嗎？香
檳與這源自諾曼第的名酪，當真
是絕配？唯一的驗證方式，就是
直接品嚐囉！請選一塊經過培養
熟成的康門貝爾乳酪，葡萄酒的
話則先選取一款不甜（Brut）風
格的**香檳**，接著選一款單寧不重
的紅酒（建議來自羅亞爾河谷
地、口感較輕巧的安茹產區加美
紅酒或**都漢區**紅酒，也可以是酒
體稍微飽滿一些的布戈億產區紅
酒）。請依據以上順序搭配品
嚐，看看您偏好哪種餐酒聯姻！

香檳

都漢

CHAMPAGNE

VAL DE LOIRE

品飲筆記	結論 何者勝出？

我們試試這攤？WEINGUT，表示這酒很「GUT」，很Good很讚？

不對啦，那個字是**葡萄園**的意思……

不過，這主意不錯：**萊茵高**是麗絲玲的知名產區！

阿爾薩斯**葡萄酒皇后**

哈哈，不要搞錯啦！KABINETT德文指的是最清爽的麗絲玲，不是「小房間」的意思。

您好，請來兩杯KABINETT麗絲玲以及兩杯麗絲玲冰酒。

好的！

咦，**KABINETT**？聽起來不怎麼美味耶……

是噢……可惜，我在學校學的外語是西班牙文……

我也是呀！不過我爸是德國裔的……

來吧，試試看！

嗯嗯，有檸檬、白桃以及椴花氣息……

你確認這款KABINETT真的好喝……？

……我主要是聞到汽油味耶……

沒錯，路西安，有些麗絲玲會帶有一絲汽油味！

啊，這就是所謂的**礦物質**風味嗎？

也算礦物質風味的一種啦……

39

這是一個籠統的概念，基本上我們將汽油味、碘味、矽石與酸爽的滋味都歸為礦物質風味。

來，現在試試這款冰酒……

咕嚕！

試過之後，你就知道麗絲玲也可以釀成很甜美的類型。

謝謝……EIS WEIN就是「冰酒」？

對，這是冰天雪地下的特產！不僅德國有，加拿大更多，氣候要夠冷！

咕嚕！

不過，這跟冰塊有什麼關係？

我等下解釋……籤嚕……你還記得**晚摘酒**嗎？

釀造**晚摘酒**時，所採的是留在樹藤上、直到十月份才逐漸乾縮的葡萄，這種果實內的糖分更加濃縮……

釀造**冰酒**的話，我們讓葡萄留在樹藤上直到十二月，甚至一月份！當氣溫下降至零下十度左右時才採收結凍的葡萄來榨汁，葡萄內的水分都結成冰塊了……

晚摘酒的釀造

果實在葡萄樹上乾縮

↓

採收

冰酒的釀造

果實在葡萄樹上乾縮＋冰凍

↓

採收

而且，流出來的榨汁，它的糖分非常地濃縮，得以釀出**極為甜美的葡萄酒！**

啊，這樣我明白了……這比楓糖漿美味多了！

全體注意！阿爾薩斯葡萄酒皇后選拔賽的機智問答要開始囉！

我們趕緊去看看，錯過可惜！

阿爾薩斯葡萄酒皇后

*編注：（德語）答得好！

德國葡萄酒

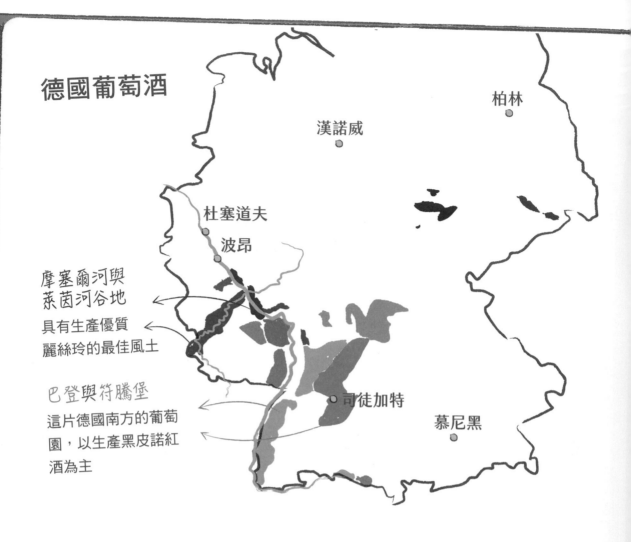

柏林

漢諾威

杜塞道夫

波昂

摩塞爾河與
萊茵河谷地

具有生產優質
麗絲玲的最佳風土

巴登與符騰堡

這片德國南方的葡萄
園，以生產黑皮諾紅
酒為主

司徒加特

慕尼黑

法國各產區的葡萄酒瓶型

| 波爾多 | 布根地 | 香檳 | 阿爾薩斯 | 隆河 | 羅亞爾河谷地 | 侏儸黃酒 | 普羅旺斯粉紅酒 |

麗絲玲
v.s.
灰皮諾

進行阿爾薩斯白酒的比較式品嚐時,**麗絲玲**對比**灰皮諾**是一大重點(至於阿爾薩斯另一個偉大品種格烏茲塔明那,由於酒體豐腴華麗,常會壓制住其他品種的風味)。

請注意,務必要選兩款干(不甜)白酒來比較;如果其中一款帶有明顯的殘糖(在阿爾薩斯並不罕見),這樣的比較就不準確了。麗絲玲以細膩、帶檸檬氣息般的酸香活力以及有時會出現的石油氣息為特色;灰皮諾比較飽滿豐潤,常帶有杏桃、蜂蜜與一絲煙燻氣息。

麗絲玲

ALSACE
RIESLING

灰皮諾

ALSACE
PINOT
GRIS

品飲筆記

結論
何者勝出?

哇，大家全部擠到一塊了！

全速衝刺！

啪呲！

咦，你跑哪去了？我們都品飲五分鐘囉！

肋眼牛排不好消化，是吧？

吼吼

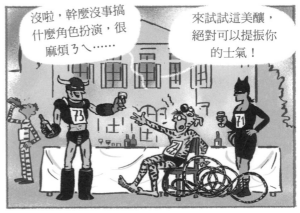

沒啦，幹麼沒事搞什麼角色扮演，很麻煩ㄌㄟ……

來試試這美釀，絕對可以提振你的士氣！

可別灑出來，一瓶**拉菲堡**可是要價約1,000歐元！

1,000歐元？那喝一口不就幾乎要50歐元！

我的老天鵝！

你說啥！多少錢？

好咧……準備再出發囉……路西安，跟上噢！

你們先跑吧，我先休息一下，好好品嚐這珍釀……

我晚點會跟上你們……

呀～動力滿滿！

一瓶要價1,000歐元還是很誇張！真的值這價嗎？

嗯……一方面是這些頂級精英酒款的生產成本比較高……

葡萄園土地價格高昂，還有許多農事以手工完成……

採用最高級的酒瓶，精品等級的行銷手段……

不過另一方面來說，是供需法則讓酒價不成比例地飆高！

這些酒不僅在歐洲炙手可熱，在美國甚至是亞洲都不遑多讓！

是喔？我想我還是買買10~15歐元的酒就好了！

紅酒與乳酪的攤位，嗯……這我還好，先Pass！

啊，好哦，那我也跳過……

反正我們也快跑完了。

奇怪，這路西安晃哪去了……我們都已經到了十五分鐘！

等等，我看到遠處有個黃色影子蹦蹦跳跳的……

對呀！厲害！

呼！我們成功抵達囉！

你終於到了，我們擔心發生啥事……

你有遇到瘋狂科學家佐爾格魯布？

噗呼……以後角色扮演馬拉松不要找我參加囉……

你跑完就好，我們去旅館換衣服，等等參加晚宴囉！

南美洲葡萄酒

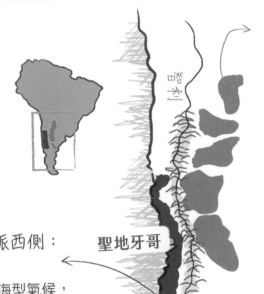

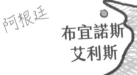

安第斯山脈東側：阿根廷

受安第斯山脈屏障影響，整體氣候很乾燥。

主要種植品種是馬爾貝克（全球種植最多的國家），法國卡歐產區也以馬爾貝克釀酒。此外，還能找到一些當地品種、卡本內蘇維濃以及希哈等紅酒品種。

安第斯山脈西側：智利

整體是地中海型氣候，但同時受太平洋寒冷洋流的調節。**主要種植品種是卡本內蘇維濃（繼法國之後，全球種植第二多的國家）**，但同時也能找到白蘇維濃、梅洛與卡門內爾……基本上很像波爾多囉！

聖地牙哥

布宜諾斯艾利斯

卡本內蘇維濃

卡本內蘇維濃

V.S.

梅洛

波爾多就是「混調」類型葡萄酒的經典呈現，明星級的混調搭檔就是卡本內蘇維濃與梅洛。要瞭解各品種的特性，以及它能帶給混調後的葡萄酒何種貢獻，就必須分別品嚐！要認識卡本內蘇維濃，建議選擇一款來自梅多克或是格拉夫產區的紅酒，因這兩個產區的主要品種就是**卡本內蘇維濃**；至於梅洛，請選擇聖愛美濃產區。卡本內蘇維濃的單寧嚴肅感以及梅洛圓潤的果味，兩者之別，您能辨別出來嗎？

梅洛

品飲筆記

結論

何者勝出？

品飲筆記

梅索

玻美侯

肥鵝肝、肥鴨肝與葡萄酒的搭配

肥鵝肝或肥鴨肝需要搭一款酒體較為飽滿的酒，但在前菜階段就以甜酒搭配肥肝，恐讓味蕾過早疲乏。因此，建議可以搭配經過橡木桶培養的**布根地**白酒（如具有足夠酒體來應付的梅索白酒）；或是隆河谷地的圓潤白酒也成（比方維歐尼耶品種）。紅酒則建議試試波爾多**玻美侯**產區的圓潤紅酒（梅洛品種），可能的話，找酒齡老一些的年份，以避免單寧過於堅澀。

品飲筆記

結論

何者勝出?

品飲筆記

星期五夜狂熱

9月25日

叮咚！

門鈴響了！

好，我來開門！

咦，晚安呀，夏洛特！你特別先把明晚要用的**風乾火腿**拿過來放？

吼，才不是咧……馬克，西班牙之夜是今天喔！可不是明天。

啊，夏洛特你好嗎？你剛好經過附近？要不要喝一杯？

何止喝一杯，我還要吃一頓……今晚是西班牙海鮮燉飯之夜，你又忘了吧？

啥，是這樣嗎？我大概看錯你的Email了……

算了，我習慣了……

可以延到明天嗎？

這可不行，明晚我有一堂「瑜珈與葡萄酒」課程……

況且，克羅伊等一下就到了……

好吧，那我們就看著辦！

但我先說喔：**卡瓦氣泡酒還沒冰……**

沒關係，放冷凍庫囉！

切火腿這件事，就交給我吧。

52

53

挺好喝的，這卡瓦！是用香檳法釀造的嗎？

沒錯，不過小心！只要出了香檳區，同樣的釀法都只能稱為傳統法……

香檳區的人對這點非常地吹毛求疵！

總之，這品飲溫度很完美，夏洛特你拯救了我們！

嗅嗅

咕嚕呼嚕

咕嚕呼嚕

咕嚕呼嚕

噗嚕呼！

哈哈！氣泡酒的品嚐需要一點技巧，不要過度咀嚼！

氣泡帶來的清新感，跟Bellota等級的伊比利火腿的油脂，搭得真是絕妙！

嗯，咦……

你們沒有聞到一絲**燒焦味**嗎？

葡萄酒的品飲溫度

此溫度區間是法國古時候所謂的「室溫」
如果你將暖氣開到攝氏21度，
這就不適宜品酒囉！

酒齡較老或酒體強健的紅酒	16-18℃	梅多克、玻瑪、寇比耶、教皇新堡
年輕紅酒或酒體輕盈的紅酒	14-16℃	薄酒來、松塞爾、布戈憶
飽滿的干白酒	10-12℃	布根地白酒、恭得里奧、貝沙克－雷奧良
清爽的干白酒或粉紅酒	8-10℃	蜜思卡得、兩海之間、普羅旺斯粉紅酒
甜酒或氣泡酒	8℃	索甸、萊陽丘、香檳、法國其他產區 Crémant 氣泡酒

氣泡酒杯如何選擇？

氣泡維持較久，香氣集中

一般葡萄酒杯

與空氣接觸面積剛好：香氣得以完好呈現

與空氣接觸面積大：
氣泡與香氣消失過快

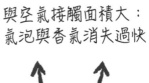

廣口杯

氣泡維持較久

笛型杯

與空氣接觸面積小：
香氣不易彰顯

西班牙葡萄酒

加利西亞自治區
這裡可說是西班牙的布
列塔尼，以阿爾巴利諾
品種釀製帶有礦物鹽滋
味的清鮮白酒。

利奧哈產區
以田帕尼優品種聞名，可釀出
滋味濃郁的紅酒。

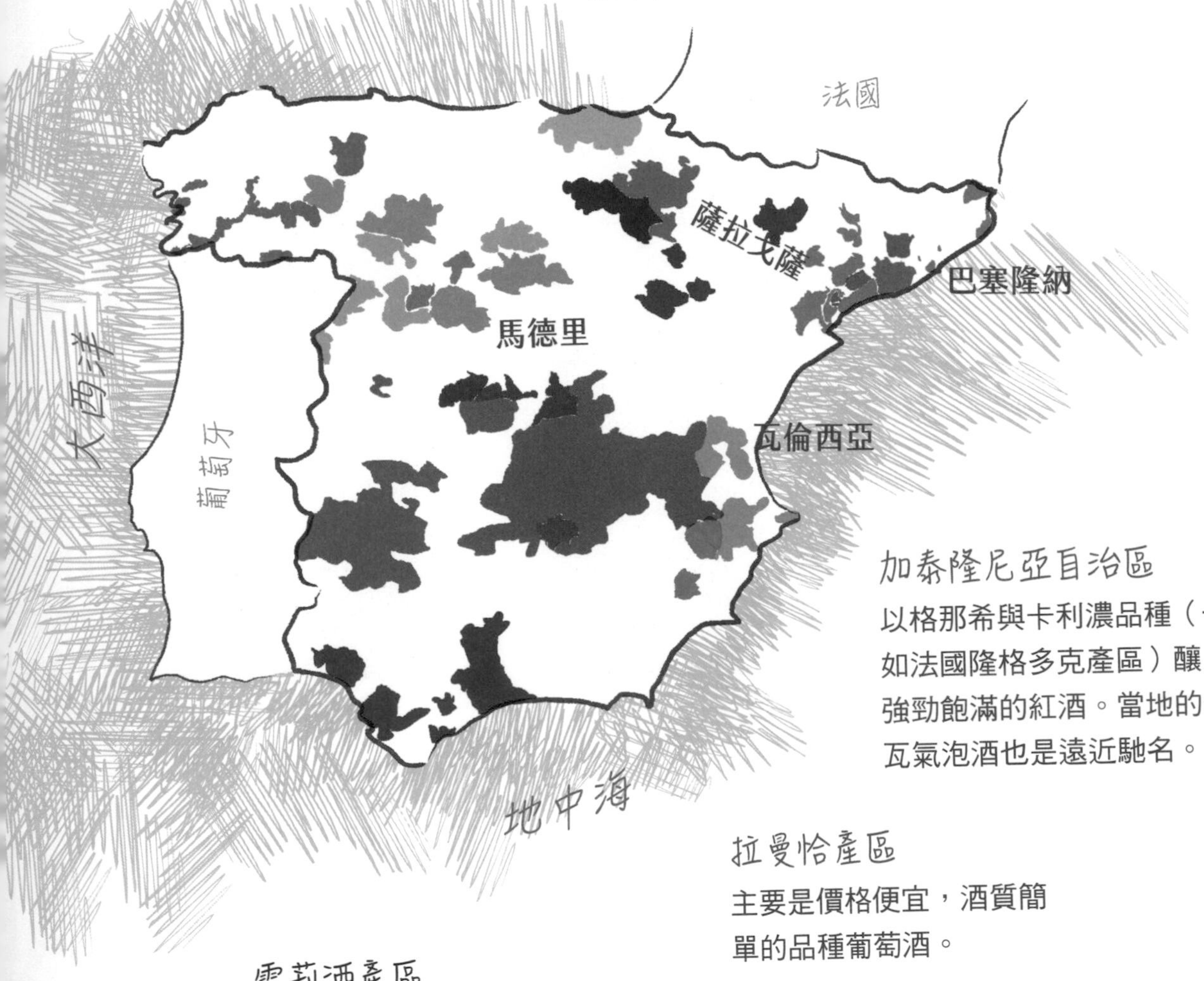

法國

薩拉戈薩

巴塞隆納

馬德里

大西洋

葡萄牙

瓦倫西亞

加泰隆尼亞自治區
以格那希與卡利濃品種（一
如法國隆格多克產區）釀出
強勁飽滿的紅酒。當地的卡
瓦氣泡酒也是遠近馳名。

地中海

拉曼恰產區
主要是價格便宜，酒質簡
單的品種葡萄酒。

雪莉酒產區
經過酒精強化的干性或甜味葡萄酒，
除了 Xérès 外，也被稱為 Jerez 或是
Sherry。

田帕尼優
V.S.
格那希

田帕尼優可說是西班牙的國寶級紅酒品種，而久負盛名的利奧哈紅酒即以田帕尼優釀成。**格那希**是另一個源自西班牙的品種，也在法國找到良好的棲身之所。在隆河谷地，格那希主要被種植在吉恭達斯、瓦給哈斯以及哈斯多。這兩個南方品種，展現出鮮明果香、可可氣息以及豐滿的酒體。您能輕易地藉由品嚐來辨識出兩者差異嗎？

田帕尼優

格那希

品飲筆記

結論
何者勝出？

哪款酒最搭咖哩？

咖哩其實有很多種……包括黃咖哩、綠咖喱、紅咖哩等，加上用以烹飪的肉類或魚種鮮度的不同，種類愈加繁複。即便用紅酒來搭配咖哩（建議以紅肉為主）並非完全不可能，但更多時候，酒體強勁一些的芬芳型白酒會更適合這類香料豐富的菜餚：隆河谷地的維歐尼耶品種白酒、阿爾薩斯的**格烏茲塔明那**（有些殘糖的話更佳），甚至侏儸區的黃酒（酒中帶一絲咖哩氣息）都行。另一個解方是酒體比較飽滿的粉紅酒（如南隆河的**塔維勒**粉紅酒）。

格烏茲塔明那

塔維勒

品飲筆記

結論
何者勝出？

繽紛多彩的葡萄酒

10月4日

這真的沒什麼好說的，搭火車就是比坐飛機好！

是啦，不過我們等等還是要租車才能到客戶那裡去。

南錫

您好，巴卡諾公司訂車……

好的，請稍等……

孚日山脈 **藍色** 葡萄酒

怎樣，山景很美吧？

我主要是在看這復古風設計的海報，不過真的有藍色葡萄酒？

孚日山脈 **藍色** 葡萄酒

不完全是，這是一品牌以雜交種葡萄釀出來、帶有深紫色色澤的葡萄酒。

雜交種？這和根瘤芽蟲病時期，把葡萄樹嫁接在美洲種葡萄樹根上一樣？*

不太一樣。將歐洲種嫁接在美洲種樹根砧木上的做法屬於**物理性接合**；雜交種則意指**基因性接合**，就是兩品種之間的雜交！

歐洲種嫁接在砧木上

兩品種之間雜交

雜交種通常具有較強的抗病性，但是酒質不總是那麼理想……

＊請見《漫畫葡萄酒》第一集。

……不過，我這次帶你來，是要嚐嚐其他顏色的葡萄酒！

前面是**圖勒城**，古時候的「主教城邦」！

以前來都沒時間順便觀光一下……

來，上車吧，路西安！

……不過至少要看一下圖勒的宏偉大教堂！

到囉，莊主布魯諾老頭在門口等我們。

啊，尚，真的是太久沒見囉！

歡迎來到洛林地區，法國產區中最小的一個！

布魯諾酒莊

我們雖然是小酒莊，可是各色酒款都有釀造：紅、白、粉紅酒……

以及本地特產圖勒灰酒——帶點銀色光澤的清淡粉紅酒！

這次特邀你們來試試我家的第五種顏色：**橘酒**！

是蠟封版本的頂尖酒款！

試試味道吧！

我常在想，在拔出軟木塞之前，要怎樣先除去封蠟……

很簡單：不必先去除封蠟，否則很容易碎成許許多多的小碎塊！

只要將開瓶器的螺旋，隔著封蠟直接刺入軟木塞即可；再度拉起時，瓶口的蠟就會自然完整掉落。

我聞到果乾、杏桃……

有沒聞到柳橙皮氣息？

啊，真的，有一點橘子的氣味。

哈哈……不過這酒裡可沒有橘子！

可別跟**橘子酒**搞混了……

嗯，什麼意思呀？

橘子酒是將橘子泡在酒精裡萃取而成，而**橘酒**其實是以釀造紅酒的方式來釀造白酒！

橘酒也被稱為「琥珀酒」或是「浸皮白酒」。

橘子酒　≠　橘酒

發酵

葡萄皮

事實上，一般白酒就是把葡萄直接榨汁後，以葡萄汁來發酵；橘酒則以整顆葡萄連同葡萄皮來發酵。

也因此才有了橘色酒液。跟紅酒一樣，橘酒也含有一些單寧。

厲害！

這類橘酒好賣嗎？

歐洲不少國家現在都流行喝橘酒，一些飲酒人表示有種在喝**古早味葡萄酒**的感覺……

古早味？

是的，**喬治亞**在幾千年前就開始運用這種釀造法，當時他們已經開始種植釀酒葡萄……

這類葡萄酒的釀造都在埋於地下的**陶甕**內進行。人們將所有的葡萄組成物都倒進陶甕裡，包括葡萄汁、葡萄皮、梗與籽……

之後就讓葡萄酒自行發酵生成。這些陶甕不僅用來發酵，也用於培養酒質以及儲放葡萄酒。

此種釀造傳統流傳至今，而且依舊被實踐著，甚至被聯合國教科文組織列為世界文化遺產！

真是驚人！那喝橘酒要搭什麼菜餚呢？

簡單，就讓橘色來引導你：如橙汁鴨與咖哩等。乳酪的話，建議也是橘色的「老米摩雷特」！

當你不確定搭紅酒還是白酒時，橘酒常常就是解方！

在洛林地區，我們使用在地品種**歐歇瓦**來釀橘酒……

咦？歐歇瓦不是紅酒品種嗎？

63

嗯，常常會有人搞錯。事實
上在**卡歐產區**，當地人也稱
馬爾貝克品種為歐歇瓦！

歐歇瓦白酒有時顯得較為**青酸**，
不過釀成橘酒的話，這酸度會帶
來非常宜人的清爽感！

哈，真棒！就一會兒時間，我們
就從簡單的紅、白、粉紅三色，
進階成葡萄酒彩虹光譜呢！

另一個有意思的典故，
是由於馬爾貝克酒色較
深，古時稱它為**黑酒**！

哇嗚！

嗯……

來，再喝
一杯吧！

葡萄酒的
色澤光譜

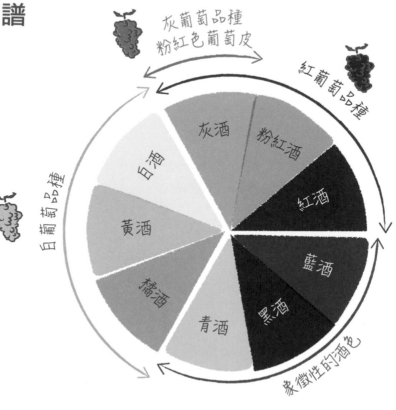

灰葡萄品種
粉紅色葡萄皮

紅葡萄品種

白葡萄品種

灰酒

粉紅酒

白酒

紅酒

黃酒

藍酒

橘酒

黑酒

青酒

象徵性的酒色

不同色澤葡萄酒的釀造過程

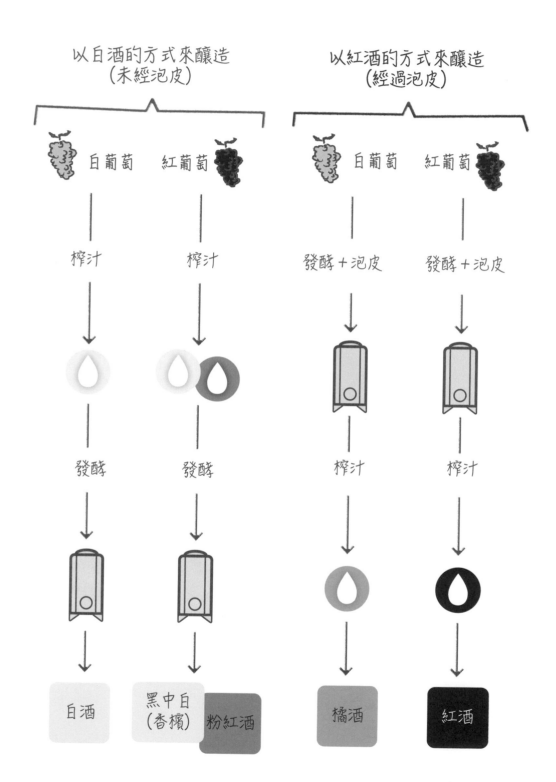

以白酒的方式來釀造
（未經泡皮）

白葡萄　　紅葡萄

榨汁　　　榨汁

發酵　　　發酵

白酒　　黑中白
　　　　（香檳）　粉紅酒

以紅酒的方式來釀造
（經過泡皮）

白葡萄　　紅葡萄

發酵＋泡皮　發酵＋泡皮

榨汁　　　榨汁

橘酒　　　紅酒

白酒

v.s.

橘酒

開洋葷，首次跨入橘酒領域，建議您選擇同一品種（如灰皮諾、格烏茲塔明那或是歐歇瓦……）所釀成的**白酒**與**橘酒**一起比較，如能選擇同一酒莊的釀品就更加完美了。首先比較的，當然是各自的酒色，接著是香氣與口感。請特別留意橘酒中的單寧為整體酒質均衡所帶來的影響，尤其是相對於用以對照的同品種白酒。

白酒

PINOT GRIS

VIN BLANC

橘酒

PINOT GRIS
Vin Orange

品飲筆記

結論
何者勝出？

法國南北馬爾貝克品種之比較

在**卡歐**產區，馬爾貝克品種也被稱為歐歇瓦，在羅亞爾河的**都漢**產區則被稱為鉤特，其實都屬同一品種。比較時，請在兩產區各找一款以100％馬爾貝克釀造的紅酒，培養方式也須相同（如都在不鏽鋼槽或橡木桶裡培養）。基本上，都漢酒款會展現羅亞爾河谷地的清新風格，卡歐則有西南部酒款的強勁特性。

都漢鉤特
紅酒

卡歐瑪爾貝克
紅酒

品飲筆記

結論
何者勝出？

巴黎
運動賽報
半準決賽今上場
法國對戰澳洲

嗯，這場後，我們跟誰對戰？

歡樂
橄欖球賽
10月28日

看情況，這張是各國對戰的賽程總表……

準決賽
對戰總表

總之，多謝邀請……我終於有機會大概搞懂橄欖球賽在幹麼了！

今天的競賽似乎很有看頭！法國是北半球中唯一打入半準決賽的隊伍，而且看來進入決賽的機會不小！

為何南半球國家的隊伍都這麼強？

他們比其他國家都更早組織職業球隊：所有的比賽與球技，都經過嚴密計畫與計算……

啊，這跟葡萄酒的世界有點類似呢！

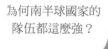

跟葡萄酒有像？什麼意思呀？

美國以及南半球國家被列為所謂「新世界」產酒國。這些地方的葡萄酒飲用文化較為新近、釀法較工業化，也更注重行銷！

工業化？

比如說，這些國家的葡萄園幾乎都有灌溉，這在法國很罕見且法規嚴格。

「新世界」的每公頃產量也偏高，法國則對每個法定產區有嚴謹規範。

「新世界」沒有法定產區規範嗎？

他們有產區的劃定，但沒像我們將風土劃分地非常精細……

他們比較注重的是品牌以及品種標示。

他們都種植哪些品種呢？

品種跟我們差不多！這很正常，因為是歐洲移民將釀酒葡萄的種植文化帶過去的。

歐歐歐歐啦啦啦啦歐

那我們今天的對手澳洲，那邊都釀什麼酒？

哈！以葡萄酒來說的話，法國與澳洲，就是希哈品種的對戰！……

……也就是希哈產量第一的法國，與第二名的澳洲的對壘！

那另一場半準決賽**南非VS紐西蘭**呢？

這就屬於白葡萄品種的戰爭囉：**白梢楠VS白蘇維濃**。

白葡萄？那紐西蘭「黑衫軍」（all blacks）應改叫「白衫軍」（all whites）囉！

嗯……嘻嘻，說得沒錯……！

玩笑歸玩笑，**紐西蘭**可是**白蘇維濃**的生產大國……不過，產量仍舊位於法國之後，還只是亞軍！

法國依舊獨占鰲頭！如果橄欖球賽也能順著這個邏輯，那對接下來的賽事可是好兆頭……

我是希望南非不要進入準決賽啦……

因為以**白梢楠**來說，南非可是超越法國，成為世界最大的白梢楠白酒生產國！

為什麼？

對耶，還是不要狹路相逢地好！

歐歐歐啦啦啦啦歐

最好能對上英國佬啦，反正他們不釀葡萄酒……

這你可錯啦！

得利於溫室效應，英國的葡萄酒產業也已經開始發展，尤其是氣泡酒的領域……

其實葡萄酒就跟體育賽事一樣，沒有永遠不變的冠軍，各種排名隨時都在變動中呢！

哦！比賽要正式開打了！

澳洲與紐西蘭葡萄酒

太平洋

澳洲

新南威爾斯州
也釀希哈品種紅酒噢！

阿得雷德 ○ 雪梨

墨爾本

南澳
澳洲招牌產區：
巴羅沙谷以希哈紅酒著名。

奧克蘭

北島
招牌品種是梅洛以
及夏多內

維多利亞州
比較寒涼的產區，這
裡跟布根地一樣，種
植有不少夏多內與黑
皮諾！

印度洋

紐西蘭

南島
馬爾堡是紐西蘭代表性產區：
以白蘇維濃與黑皮諾著稱，紐
西蘭三分之二的葡萄酒產量都
來自馬爾堡。

南非葡萄酒

南非

海岸產區
此為南非最重要的葡萄酒產區，
範圍環繞在首都周遭，其中最知
名的產區為斯泰倫博斯。建議品
嚐品種：白酒請試試白梢楠，紅
酒務必品嚐當地品種皮諾塔吉
（為黑皮諾與仙梭的交配種）。

開普敦
（又稱好望角市）

澳洲希哈

SHIRAZ
AUSTRALIA

新舊世界的
希哈對戰

本次的對照式品酒，請選擇一款
澳洲希哈（當地拼寫為Shiraz）
紅酒來對比一款法國北隆河希
哈（法文寫成Syrah）：建議來
自聖喬瑟夫或克羅茲–艾米達吉
法定產區，甚至是更初階的IGP
Collines Rhodaniennes。您能
感受到希哈經典的黑醋栗、紫羅
蘭、胡椒氣息以及細膩如天鵝絨
般的單寧質地嗎？新世界希哈是
否帶來其它的風味面向？

法國希哈

COLLINES
RHODANIENNES
SYRAH

品飲筆記

結論

何者勝出?

品飲筆記

松塞爾白酒

波爾多干白酒

白蘇維濃的對戰

要進行白蘇維濃的比較式品嚐，不必到新世界去尋找，法國境內受海洋性氣候影響的產區都有種植。建議選擇一款羅亞爾河中央產區區域的**松塞爾白酒**或甘希白酒，來對照一款以100%白蘇維濃釀成的**波爾多干白酒**（或兩海之間、格拉夫法定產區白酒也行）。兩產區的白蘇維濃都帶有醒神的清新感，不過羅亞爾河白酒的礦物感會更強，波爾多則顯得更為圓潤。

品飲筆記	結論	品飲筆記
	何者勝出?	

葡萄酒
瑕疵探險記

11月25日

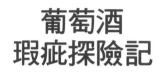

路西安呼叫尚，有聽到嗎？

下降中以進一步觀察，酒液澄清，一切看來沒問題……

尚有聽到，訊息清晰且完整！

等下底部探測後，即刻回航。

收到！

尚，瓶底有些像晶體一樣的東西。

這是葡萄酒受到某種污染的跡象嗎？

砰咚！

不是，那只是微量的酒石酸結晶，對酒質並無影響。

沒問題的，請繼續探索。

收到！

我看到一堆蘋果！我走近一點瞧瞧……

好主意！

啐！這些蘋果根本就爛了！

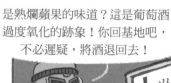

是熟爛蘋果的味道？這是葡萄酒過度氧化的跡象！你回基地吧，不必遲疑，將酒退回去！

啐！

退回

對喔，我確認是熟爛蘋果味。這酒已經氧化了，不是嗎？

咕嚕咕嚕……

等待侍者換瓶新白酒的同時，路西安，你試試紅酒吧？

我們一起來看看這款紅酒品質如何……

首先觀察酒色，蠻澄清的……

不過我還是觀察到有些小氣泡生成……

一點點二氧化碳氣泡，沒啥要緊的，反而可以保護葡萄酒免受氧化。

只要稍微搖晃一下，氣泡就會消失。

好，我來啟動「螺旋手臂」處理一下。

嗯，氣泡比較不明顯了……不過現在卻發覺有些奇怪氣息，像是動物性氣味……或是橡膠味？

這屬於還原性氣味，酒液與空氣的接觸過少……

經過搖晃震動後，還原氣息應該會消失……讓「螺旋手臂」繼續運轉！

可是看來沒用耶！

現在有些怪怪的生物跑過來了！

慘囉，是布雷特酵母！

呃，這些怪東西看來並非善類……

這是野生酵母的一種。這不只是單純的還原狀態，而是葡萄酒瑕疵，受到污染了！

返回基地，將酒退回！

我可以跟您確認，這酒受到布雷特酵母數量過多的污染了！

好哦，這瓶我們也換給您。

您要試試新換上來的白酒嗎？

來，進行第二次品試！

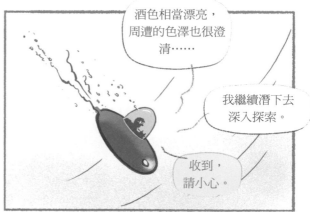

酒色相當漂亮，周遭的色澤也很澄清……

我繼續潛下去深入探索。

收到，請小心。

有點奇怪，底層踩起來軟軟的……

有點像濕軟的紙箱……

哎唏！

聽起來不太妙！有看到其它東西？

有耶……

我看到一些字母漂浮在我身邊！

…A…
…C…
…T…

「C-A-T-A」？「A-T-A-C」？這什麼意思？

其實是「攻擊」，Attaque啦！

酒質受到TRICHLO-ROANISOLE攻擊！

TRI……這又是什麼鬼？

TRICHLOROANISOLE，簡稱TCA＊，是會造成軟木塞異味的分子，讓被污染的酒液帶有濕紙箱的氣味……

啊，真是災難呢……

對呀！這瓶酒也是沒救了……

呼！

收到，我返航囉！

退回

喲……來三瓶壞三瓶，你偵測壞酒的能力還真是無人能及！

對啦……我偵測爛餐廳的能力還真是每下愈況！

＊編注：即三氯苯甲醚（2,4,6-trichloroanisole）。

葡萄酒瑕疵氣味輪

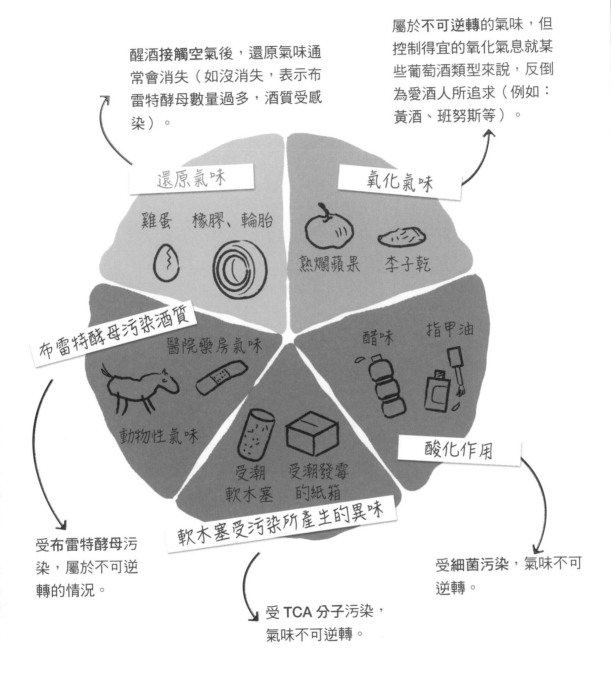

醒酒接觸空氣後，還原氣味通常會消失（如沒消失，表示布雷特酵母數量過多，酒質受感染）。

屬於不可逆轉的氣味，但控制得宜的氧化氣息就某些葡萄酒類型來說，反倒為愛酒人所追求（例如：黃酒、班努斯等）。

還原氣味

雞蛋　橡膠、輪胎

氧化氣味

熟爛蘋果　李子乾

布雷特酵母污染酒質

醫院藥房氣味

醋味　指甲油

動物性氣味

受潮軟木塞　受潮發霉的紙箱

酸化作用

軟木塞受污染所產生的異味

受布雷特酵母污染，屬於不可逆轉的情況。

受 TCA 分子污染，氣味不可逆轉。

受細菌污染，氣味不可逆轉。

希哈

v.s.

格那希

其實不見得要喝到瑕疵酒才能體會還原或氧化氣味，比較隆河谷地的兩個經典品種就可以了！酒齡尚輕的**希哈**（建議選擇克羅茲-艾米達吉或聖喬瑟夫產區紅酒）常帶有近似輪胎與雞蛋的還原氣息（但醒酒過後，還原氣息即會消失）；**格那希**品種（如吉恭達斯或是哈斯多紅酒）相對來說有偏氧化的傾向，酒色常帶磚紅，鼻息常具有李子乾氣韻。

希哈

SYRAH

格那希

GRENACHE

品飲筆記

結論
何者勝出？

氧化風格的 葡萄酒

某些類型的葡萄酒,會經過控制得宜的氧化培養程序,因而帶來極為飽滿與繁複的鼻息。以干白酒而言,侏儸區的**黃酒**帶有核桃、青蘋果與香料(咖哩)的風情。而經過長期培養的**班努斯甜味紅酒**(請選擇Hors d'Âge或是Rancio類型)就具備李乾、風乾無花果與咖啡等氣息。以上兩者,可是與瑕疵酒扯不上邊呢!

黃酒

vin JAUNE

「忘年」班努斯

BANYULS HORS D'ÂGE

品飲筆記

結論 何者勝出?

一月份滴酒不沾

1月16日

巴黎冬季早晨，萬物都被淋成落湯雞⋯⋯

超大豪雨特報，今早地鐵部分區段停駛。

福音站

早啊，夏洛特！

早安，尚！

尚，你來啦！

路西安，早呀！

收件者：夏洛特、路西安、羅傑
主旨：強制參與的品酒會

親愛的同事們，
相信你們對未來的目標客戶都有心協助與推廣，這些客戶也是本公司未來之所倚。
因此，10點的「強制參與品酒會」將於會議室舉行，我等你們大駕光臨。

尚

PS：請帶著微笑參與，謝謝。

10點整的會議室

很感謝各位快速地騰出時間，來到會議室參加這場很不尋常的「無酒精葡萄酒」品酒會……

咕嚕咕嚕……　咕嚕咕嚕……　咕嚕咕嚕……

我說了算！
沒酒精的東西，就不是葡萄酒……

羅傑，你說的完全正確……

這依法規來說應該叫「部分去酒精葡萄酒」，甚至是「葡萄飲料」。

那這個「部分去酒精」的東東，是怎麼做出來的？

首先需釀出酒精濃度偏低的葡萄酒（葡萄的甜度很低）……

接著藉由物理化學方法來去除酒精。手法可以是逆滲透、奈米級過濾，或藉由輕微加熱葡萄酒的方式來蒸發掉酒精。

待加工葡萄酒

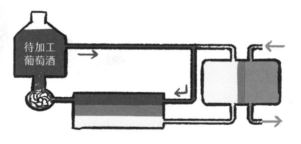

聽來完全不美味……

不要再囉哩囉唆了，
來品酒吧！

別急，也留一些
給其他人喝……

嗯哼，果香
還可以……

嗯，其實聞起來很像
葡萄汁……

還有像香水的
花香！

呼嚕

呼嚕

呼嚕

呸！

噗！

吐！

哇，有咬
舌感！

啊，很酸咧！

嗯，沒啥好說，
就很粗獷！

對啦，這口感其實可以
想像。葡萄酒的均衡建
立在酸度跟酒精之間，
既然這些酒沒有酒精，
酸度就很明顯了。

為了校正口感，通常
會加入阿拉伯膠或葡
萄汁……

好了，不要再磨蹭了，
還有五款酒要試噢……

……這客戶推出一整個
系列的無酒精葡萄酒
呢，再來試試!……

啊，我有緊急的
傳真要處理……

唉，「一月份滴酒不沾」
的文案，我必須要在二月
前趕出來！

歐啦啦……
已經10點20分囉，我
「葡萄樹生長週期表」
還沒弄完咧……

葡萄樹的
四季生長週期

開花
小白花開始綻放，理論上來說，之後一百天就是葡萄採收的大概日期

長葉
新葉冒出，接著伸展並開始出現花苞，分枝也開始生長地更粗壯

春

發芽
芽苞裂開，開始發芽冒頭了

芽苞甦醒
芽苞開始膨脹

冬

葡萄樹之泣
葡萄樹開始甦醒，其樹液自剪枝後的傷口切面滲出來

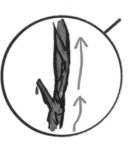

沉睡期
樹液往下降，葡萄樹進入冬季休眠期，葡萄農則開始進行剪枝作業

結果

葡萄果粒開始漲大，顏色由綠色轉
為最終熟果的色澤（紅色或黃色）

轉色期

葡萄果粒開始漲大，顏色由綠色轉為
最終熟果的色澤（紅色或黃色）

進入成熟期

果實開始蓄積糖分，酸度降
低，旁枝開始木質化且變得
更為堅硬

夏

秋

進入採收期

讓葡萄掛枝,
令其進入「超成熟期」

果實內的水分開始蒸發，糖分
更為濃縮（這種做法有利於釀
造甜酒）

進入落葉期

葡萄葉開始變黃，之後落下

休眠期

樹液往下降，葡萄樹開始進入
冬季休眠期

大表姊，一切都好嗎？

哈囉，夏洛特，都蠻順的。過年好熱鬧呀！

你們決定好要吃些什麼了嗎？

有喔，我們要一份綜合港式蒸餃、一份北京烤鴨，再一個糖醋排骨。

沒問題，那想喝點什麼來搭菜呢？

你們有哪些中國啤酒？

嗯，馬克，我們其實可以試試葡萄酒……？

啊，其實先生說的很有道理！

啤酒跟亞洲菜很搭，華人也都愛喝！

由於我們選的菜色很多樣，我會偏向選擇粉紅酒，搭餐廣度佳。

嗯，如果我們只點一瓶三人分著喝，粉紅酒是比較容易應付如此多樣的亞洲風味，不過……

……先前應我阿姨的要求，我其實有幫她設計可以搭配各種料理的單杯酒酒單。我們來試試吧！

好的，我去請廚房備菜囉！

路西安，你點的是港式綜合點心，口味清爽，我建議你試試羅亞爾河或阿爾薩斯的干白酒……

我要喝羅亞爾河的！

馬克，至於你的北京烤鴨嘛，我比較建議紅酒……

……吃鴨子，當然要搭西南部產區的酒！

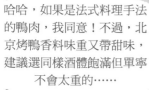

哈哈，如果是法式料理手法的鴨肉，我同意！不過，北京烤鴨香料味重又帶甜味，建議選同樣酒體飽滿但單寧不會太重的……

……比如**隆格多克－胡西雍**紅酒。

最後，我點的糖醋排骨滋味又甜又鹹，我想搭款**Moelleux**甜酒應該很讚。

Moelleux？

Moelleux指仍有未發酵殘糖的白酒，比如阿爾薩斯晚摘甜酒，或西南部的居宏頌甜白酒。

酒中的殘糖與菜餚的甜味對應地剛剛好。

這類甜酒搭配帶辣味的菜色也很好，可以降低辣味刺激！

這裡沒供應單杯的中國葡萄酒？

啊，這又要話說從頭了！

在中國，葡萄酒的飲用文化還相當晚近……

傳統上，中國人主要喝的還是啤酒與烈酒，今日的情況仍舊差不多……

1996年，中國國務院前總理李鵬在一場晚宴上手持紅酒與貴賓敬酒的形象，大大地提高了葡萄酒的能見度……

乾杯！

乾杯！

乾杯！

乾杯！

今日中國的葡萄園種植面積，已晉身全球前五大……

新疆

寧夏

河北

山東

雲南

然而人均飲用葡萄酒的量仍舊在低檔徘徊，葡萄酒主要還是被當作用以互贈的高貴禮物。

中國的葡萄酒產業以波爾多為模範，幾乎只釀紅酒，最重要的品種是卡本內蘇維濃。

張裕百年

在目前快速變動中的中國，葡萄酒的未來還不是很明確……

所以，現在我們還是以法國酒來慶祝農曆新年的到來吧……乾杯！

趕北！

乾ㄅㄟˇ！

亞洲料理與葡萄酒的搭配

菜式
味道從輕到重排序

葡萄酒
滋味從輕到重排序

前菜
蒸餃子、
越南酥炸春捲……

氣泡酒、
酒體較輕的白酒

生魚片或
經烹飪的魚鮮
鮮蝦、握壽司……

酒體偏圓潤的白酒

肉類
蔥爆牛肉、
北京烤鴨

飽滿豐潤的紅酒

糖醋類料理、
甜鹹類料理

帶甜味的葡萄酒

麻辣風味料理

甜鹹風味菜餚
如何搭配葡萄酒？

粉紅酒既清鮮又圓潤，是個搭餐廣度佳且適合多數亞洲菜式的好選擇。然而，不少亞洲料理也帶甜味，這時會讓粉紅酒顯得尖酸，滋味變弱。此時，最好選擇帶有一些殘糖的白酒做搭配，像是某些阿爾薩斯、羅亞爾河（例如：蒙路易或梧雷法定產區），或甚至西南部產區的酒款（例如：**居宏頌**）。但也請避開甜度更高的貴腐甜酒（例如：波爾多索甸），以防甜酒味道搶走料理的丰采。

普羅旺斯丘

Côtes de Provence

居宏頌

JURANÇON

品飲筆記

結論
何者勝出？

尚，祝你退休快樂！

3月1日

……快到他家囉！

好哦，那他現在幾歲了？

嗯，已經62歲囉。

屆退年齡不是64歲嗎？

呃，這我也不太清楚……

叮咚！！

啊，路西安、馬克，你們最晚到哦！進來吧！

……你記得1993年時，方西斯暈倒在薄酒來的釀酒槽裡？……

沒錯！他那時還為了下載沙督的全部香頌，把電腦弄到當機！？……

……我那時就回嘴說：「你的1971聖艾美濃喝起來就像廉價啤酒！」……

……羅曼尼康帝的軟木塞還卡在印表機裡三個月咧……

……她直接丟給我三張磁碟片和幾卷正片底片……

不會吧？！

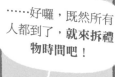

……好囉，既然所有人都到了，**就來拆禮物時間吧！**

來拆來拆！

好的，那我先開最大包的噢！

哦，是2015年份**瑪歌堡**的Magnum（雙瓶裝），不得了！

啊，正適合今晚使用⋯⋯

Magnum最適合人多的聚會囉！

不不不，親愛的羅傑！這麼年輕的年份現在就喝，簡直罪不可恕！何況雙瓶裝的酒熟成曲線更緩慢，這你老兄可是知之甚詳！⋯⋯

是喔，為何啊？

這是因為軟木塞與酒液之間的空氣，有助於葡萄酒的緩慢熟成。

不管酒瓶的大小如何，**這段空氣量基本上相同**⋯⋯不過因為雙瓶裝的酒的容量加倍，要達成同樣的熟成效果，時間會拉得更長！

一般也認為由於**熱質量**的關係：大瓶裝的酒受外界溫度影響較小，所以熟成速率也較慢。

來喔，要拆最後一包囉！

真好奇這裡頭裝的是啥⋯⋯

噢！是瓶布根地**玻瑪**⋯⋯還是我出生的年份！！

真是**瘋了**你們！這珍寶從哪找來的？

哈，一瓶跟你一樣老的酒，可真不容易弄得到！

瞧，以酒齡而言，液面不算低喔，算是保存地很不錯⋯⋯

跟你一樣！

各位親愛的朋友們，這瓶玻瑪，我很榮幸今晚能與大家共享！

Yeaaaah!

來，我用鞋鞋幫你開瓶……

那可不行，羅傑！你的好心會毀了這瓶酒……

路西安，也不給你開！這類高齡且脆弱的酒塞，只有一種開法……

蛤？

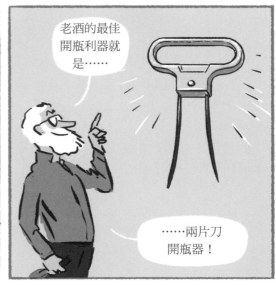

老酒的最佳開瓶利器就是……

……兩片刀開瓶器！

兩片刀開瓶器用法如下：

1. 將雙刀片插入瓶頸與軟木塞之間
2. 左右交替向下施力，完整插入
3. 接著一邊旋轉，一邊向上拉提，將酒塞取出

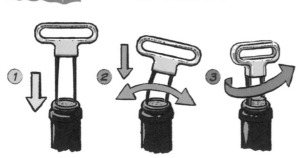

順利取出！可以享用這瓶美釀囉！

且慢！品嚐之前有個小考，看看你夠不夠格喝它！

為了確認你是否配得上**絕地葡萄酒大師**的稱號，也夠資格引退……

你必須進行最後一次的葡萄酒盲飲！

好呀！不過，不要故意搞蛋，這次應該是盲品法國酒吧？

對啦，不要擔心……

酒色相當深，且有點磚色的反光……或許這酒已經相當成熟了？

很成熟的果味，如櫻桃、黑醋栗，還出現香料以及皮革氣息……聞起來就很南法！

酒體飽滿強勁，不過單寧質地有如天鵝絨……

南法沒錯，甚至靠近東南邊，感覺來自地中海沿岸。

酒齡其實還年輕，磚色反光應該是來自格那希品種陳年之後的結果……

除了往南部去猜，應該自更南方的大陸型氣候區葡萄園去找……

我猜是胡西雍裡的高麗烏爾法定產區！格那希的天堂！

太太太強了吧！就是高麗烏爾沒錯！

哇嗚！

嗚呼！

說到盲飲，你總是我們之間最厲害的高手！

現在，來試試玻瑪吧！

95

375毫升　750毫升　1.5公升　3公升　4.5公升　6公升　9公升

酒瓶的形式與容量

酒瓶形式		容量 (以標準瓶換算)
 波爾多	香檳	
半瓶裝		375 毫升（1/2 標準瓶）
標準瓶		750 毫升（1 瓶標準瓶）
雙瓶裝		1.5 公升（2 瓶標準瓶）
兩倍雙瓶裝	Jéroboam瓶裝	3 公升（4 瓶標準瓶）
波爾多J'éroboam 瓶裝（5公升）	Réhoboam瓶裝	4.5 公升（6 瓶標準瓶）
Impériale瓶裝	Mathusalem瓶裝	6 公升（8 瓶標準瓶）
Salmanazar瓶裝		9 公升（12 瓶標準瓶）
Balthazar瓶裝		12 公升（16 瓶標準瓶）
Nabuchodonosor		15 公升（20 瓶標準瓶）
Melchior瓶裝	Salomon瓶裝	18 公升（24 瓶標準瓶）

12公升

15公升

18公升

如何辨別一瓶 紅酒 （透過盲飲）

較為清爽（單寧較少）

酸味較多
纖細紅酒

法國西北部：
羅亞爾河

酒精較多
豐腴紅酒

法國東北部：
布根地、薄酒來

架構較強（單寧較多）

單寧豐富
渾厚架構強的
紅酒

法國西南部：
波爾多、
西南部產區

酒精較高
渾厚熱情的
紅酒

法國東南部：
隆河谷地、
隆格多克－胡西雍

葡萄酒的液面水平

隨著時間演進，瓶中的葡萄酒會緩慢蒸發、
酒液水平會降低，而酒質氧化的風險也會隨著提高

波爾多

布根地

完美酒液水平

瓶頸下
瓶頸略低
肩上

酒齡介於
10~20年
之間

高度介於2~4公分

高度介於4~6公分

肩中
肩下

高風險

少酒高度超過6公分

隨著酒齡漸增的葡萄酒色澤變化

年輕的葡萄酒

杯緣泛出綠色光澤

杯緣泛出紫色光澤

老齡的葡萄酒

杯緣泛出橘色光澤

杯緣泛出棕紅光澤

年輕白酒

v.s.

老齡白酒

要完全體會葡萄酒在成熟之後的風味轉變，請選擇同一家酒莊、不同年份的相同酒款進行比較，兩瓶年份至少要差十年以上。注意觀察：酒齡漸增後，色澤朝橘色發展、果香變得更熟美，還會出現蜜香或蜂蠟氣息（甚至有乾燥花與菸草氣韻）；入口後的酸味會減少，酒體則顯得更加圓潤。

年輕白酒

老齡白酒

品飲筆記

**結論
何者勝出？**

年輕紅酒
v.s.
老齡紅酒

前述的品飲習題,也可用紅酒來進行,兩支酒的酒齡至少相差十幾年才適合。酒色將從紫紅色演變成磚紅色;香氣將從新鮮果香演化成林下灌木叢、松露、皮革或菸草氣息。入口後,單寧不再顯得艱澀,而是和諧地融合在整體滋味中。

年輕紅酒

老齡紅酒

Saint-Émilion

GRAND CRU

Saint-Émilion

GRAND CRU

品飲筆記	結論 何者勝出?

實用手冊

品酒篇

品酒的基礎概念

> 品酒的目的，並非讓你高談闊論或是展現知識，而是專注於風味的喝酒過程。

> 除了葡萄酒的理論知識外，實際操作（品酒）尤其重要。以下提供幾項步驟，讓您能夠快速上手。

為何進行葡萄酒品嚐？

首先，品酒練習得專心致意地品飲該款酒，接著透過文字言語表達，這可讓我們對於葡萄酒相關學問有更進一步的學習。如果沒有這麼做，就像學習一種外語卻從未去過該國，或想深入鑽研化學專業卻從不踏入實驗室，又怎麼學得會？

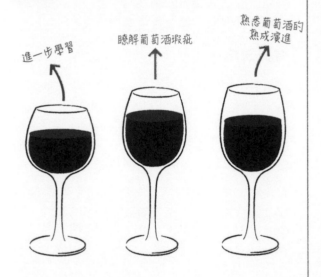

進一步學習

瞭解葡萄酒瑕疵

熟悉葡萄酒的熟成演進

此外，這類品酒分析能讓我們偵測到葡萄酒的瑕疵，像是軟木塞受污染所產生的異味，或過度氧化的氣味等。如果因粗心忽略而未辨識出問題所在，你可能就只會認為這款酒「不怎麼好喝」。

這也是評估葡萄酒熟成狀況的好機會，才能決定最佳適飲期。酒色還是很鮮豔，但單寧感非常重？那這酒太年輕了。酒色暗沉且帶橘紅色調，口感「水水的」，沒有結構？或許說明這酒已經過了適飲期囉！

品酒需要適當的環境

品酒的理想環境，一定程度地取決於品酒目的。如果是技術性的專業品嚐，就必須遵守某些條件，像是採用自然光、房內沒有其他異味干擾、安靜的品嚐環境等。

如果是非專業的享樂品嚐，原則上條件差不多，只是要求上可以輕鬆一些。不過，如果是在又熱又嘈雜的廚房裡，或是就著一盤熱氣蒸騰的白醬燉小牛肉旁品酒，這些都不是理想的品酒情境。

三階段品酒

品酒以三階段進行，每一階段都需動用到不同的感官：

- 眼觀：視覺檢視

- 鼻嗅：嗅覺檢視

- 口嚐：味覺檢視

以上每個步驟，都有助於蒐集該款酒的資訊，以進行酒質判斷分析。後面幾頁會有更詳盡的說明。

路西安的品酒小建議

到底要把酒吞下去還是吐掉？吐掉聽起來好像很大逆不道，尤其飲用的是高貴名釀……然而，當您必須品嚐一連串數不勝數的酒款（如參加酒展時），那麼把酒吐掉就真有必要了！

有效品酒：眼觀

第一眼觀察通常帶有相當豐富的資訊，如果只是匆匆一瞥，就太可惜了。

同時，這也是讓您準備專心品嚐情緒的一個步驟。

主要的觀察面向有三，您能藉此獲得欲品嚐酒款的相關資訊。

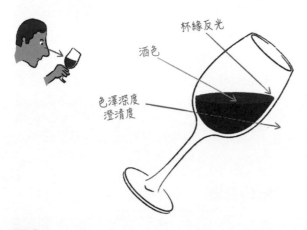

杯緣反光

酒色

色澤深度
澄清度

酒色

酒的顏色（尤其稍微傾斜酒杯後可觀察到的杯緣反光），能提供我們判斷酒齡的線索。

事實上，多數的酒在年輕時呈紫紅色澤，並隨著酒齡增加轉為橘棕色澤。如果您觀察到一款年輕的酒已呈橘棕色，這很可能表示該款酒熟成過快、過早氧化了；相反地，一款十多年酒齡的紅酒，其酒色依然深紅，則表示它尚未到達滋味巔峰。

白酒也是如此。年輕的酒，杯緣反光呈綠色，隨著年紀漸長則會轉為帶橘光的琥珀色澤。

色澤深度

除了酒色外，要評估酒的色澤偏淺或偏深。酒色深到甚至無法讓人一眼看穿者，表示該酒有濃郁集中的特性，架構也偏強；色澤深度偏透明的話，則是款較細緻或輕巧的酒款。然而不管深淺，這都無法用以判斷最終酒質。

澄清度

關於酒液顯得澄清這件事，過去一度被認為意味著「這酒釀得很乾淨」。然而，隨著自然酒風潮的興起，這類少干預（尤其不進行過濾）的酒款通常會顯得較為混濁。澄清與否與酒質好壞是否相關，如今各家看法分歧。

有氣泡嗎？

對於氣泡酒來說，眼觀就必須帶入「第四個面向」：氣泡！氣泡過大，會顯得酒質過於粗獷、品質中庸；氣泡過於細微，則可能是氣泡散逸掉了（老香檳就是這樣，氣泡會隨時間慢慢消失，但這並不屬於酒質瑕疵）。

有一點要注意：杯中氣泡量的多寡，也取決於杯壁與酒的相互作用；酒杯愈乾淨，基本上肉眼可見的氣泡會愈多。所以說，酒中氣泡量的多寡，最終還須以口嚐來決定！

尚的品酒小建議

想要詳盡地觀察酒液細節，有兩個情況還是需要注意：光線必須充足（自然光最佳），且觀察時下方以白色背景為佳（如墊張白紙）。

有效品酒：鼻嗅

眼觀開啟了品酒的第一階段，接下來就要進入相當具關鍵性的第二階段：鼻嗅。

這個重要階段有兩個目的。首先，在經過練習後要能辨別可能會出現的瑕疵（像是軟木塞污染、過早氧化等），並將酒予以退回。其次，是體驗享樂的趣味，以嗅覺解析該酒款的香氣表現。

第一嗅：判斷葡萄酒有無瑕疵

第一次嗅聞請不要晃杯。酒杯靜置時，酒香的表現通常不那麼明顯，這時若酒有瑕疵也就容易偵測出來。比方說軟木塞污染（類似濕紙箱之類的氣味）、過度氧化（紅酒過度明顯的黑李乾氣息，白酒則帶有過重蜂蠟味），甚至是醋味。

第二嗅：品酒樂趣就在於此

在該款葡萄酒被判斷為無瑕疵後，便可搖晃酒杯使香氣釋出。晃杯的效果有二：

– 機械效應：晃杯的動作可使香氣分子自杯中逸散，直達到我們的鼻腔

– 化學效應：晃杯會讓葡萄酒帶來氧化效果，使香氣更容易釋放

如果該酒的香氣依然閉鎖，可以把酒導入醒酒瓶以加速醒酒；但倘若酒香已經奔放誘人，便請沉浸在芬芳複雜多變的氣韻中，並在享受之餘以文字紀錄描述。

在餐廳的點酒狀況

在餐廳點酒時，侍酒師或侍者為何先讓您「試酒」？這可不是為了讓你知道這是款好酒，或是想知道您喜不喜歡這款酒（為避免這個問題，點酒時建議先詢問侍酒師的建議）。真正的原因，是讓您確認這款酒有無瑕疵，以及願不願意接受這款酒。

在這個情況下，嗅聞的過程就很重要。如果察覺到有問題，應該立刻向侍酒之人反應，請他們親自試酒，以核實您的感受，看看是否該換一瓶新的給您。

夏洛特的品酒小建議

雖然您可能急著想嚐嚐酒味，但還是建議您花些時間在嗅聞上，相信您會漸漸地愛上酒香的多樣變化。

有效品酒：口嚐

繼眼觀與鼻嗅之後，我們來到最後階段：口嚐。您將在這個階段獲得進一步的酒質訊息，並確認眼觀與鼻嗅所獲得的印象是否與口嚐結果相符。

您可因此建立對這款酒的印象描繪，並據此判斷其風格、品質與儲存潛力。

簌嚕

簌嚕

❶　　❷

呼嚕　　噗嘘

❸　　❹

第三階段的口嚐也可分為三步驟來進行。

第一觸感

請喝入一小口適量酒液，並記下第一印象。風格是清鮮呢，還是反呈溫熱酒風（與酒精度有關）？這觸感是宜人的，還是讓人不舒服（過酸，酒精感太重）？

入口後的全面分析

為了讓酒的滋味得以擴展，必須往嘴裡吸入一些空氣，即「吸吐」：透過酒液，由口腔呼吸空氣來喚醒酒香⋯⋯

接著您需要「咀嚼」酒液，好讓它分布在口腔內各處，盡可能地與全數味蕾接觸。

以上作法，是為了感受該酒的所有滋味（紅酒的話，就是酸度、酒精與單寧多寡），以判斷它是否為均衡的葡萄酒（好酒的要點就在於其均衡感）。它是酸度較明顯呢，還是酒精？單寧是否協助建立起酒的架構，還是單寧讓你感到口腔乾澀？

最後，請留意竄入鼻後腔道的香氣。該氣息是否與鼻嗅階段的感知一致，還是又進一步發展出新的氣味？

尾韻判斷

現在進入必須將酒吐掉的階段，並評估最後的整體品嚐印象。如果您正進行專業的技術性品酒可以這麼做，不是的話，則把酒吞嚥下去就可以囉。

尾韻是否令人愉悅？尾韻微弱或仍舊相當集中？尾韻的滋味是否持續延長？頂尖佳釀的尾韻一定非常悠長，可以持續數秒鐘（愛酒人稱之為「寇達力」，不過反正一個「寇達力」就等同一秒鐘，所以不需要為難自己）。

現在您便握有足夠資訊，以判斷酒質和風格，並據此判斷酒搭餐的可能性。當然，您也能藉此確認現飲好，還是仍需耐心等待幾年。

尚的品酒小建議

在品嚐多款葡萄酒後，味蕾會顯得疲累，能品出的訊息也會少許多。此時記得喝口水或吃點白麵包，以恢復味蕾的敏感度。

探討葡萄酒的均衡感

> 就像一道好菜，一瓶好酒也要在各種組成之間達成和諧滋味。

> 不管該酒風格是細緻、豐腴或架構宏偉，抑或酒質是簡單還是複雜，一款好酒最基礎且重要的就是均衡。

葡萄酒的滋味

我們將食物與飲料的基礎滋味分解成四種：甜、鹹、酸、苦。基本上，鹹味與葡萄酒的滋味無關。形容葡萄酒的三個要素如下：

– 圓潤感：與甜感和甘潤感相關，可能來自甜酒裡的殘糖或干性葡萄酒（也就是無殘糖）的酒精（酒精僅是糖分發酵後的結果）

– 酸度：替葡萄酒帶來清新感的元素

– 堅澀感：令人聯想到苦澀味，這種感覺主要源自紅酒中的單寧成分

葡萄酒的均衡感

此均衡建立在圓潤感（來自糖分與／或酒精）與堅硬感（來自酸度與／或單寧的堅澀感）之間的巧妙平衡。用一句話簡單說，就是骨與肉兩者之間的均衡。

依葡萄酒型態的不同，影響均衡感的元素也不盡相同：

1. **干白酒**：最簡單的型態，所牽涉的元素只有兩個，即酒精與酸度

2. **甜葡萄酒**：葡萄酒裡的天然殘糖量，會讓人感覺酒體較為圓潤

3. **紅酒**：這裡沒有糖分的影響元素，只有發酵過程中萃取自葡萄皮（有時也源自葡萄梗）的單寧；單寧可形成酒中的「骨架」

葡萄酒的風格

酒中的各種滋味必須均衡地相處、互相對話、各自互補，以形成最終的葡萄酒風格。

均衡也不是各元素占據相同比例。有些酒的酸度比較明顯，有些則圓潤些，但各有其和諧的存在樣態。簡單來說，就是風格不同罷了：前者風格較細膩，後者更豐腴圓潤。關於不同的葡萄酒風格，請見下一頁。

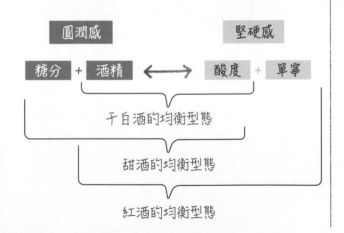

夏洛特的品酒小建議

若要練習味道的識別以及相混相乘後的結果，建議您準備一杯萃取許久的紅茶，品嚐其單寧感。之後加入檸檬以增加酸味，您會感覺口感變得更堅硬。最後加糖，攪一攪後品嚐，您會體驗到這杯茶的均衡感出來了！

您必須認識的九種葡萄酒風格

輕盈、圓潤、渾厚……葡萄酒的風格一定程度地取決於該款酒在口中所造成的「環肥燕瘦」感。

這種感覺也會與酸度、酒精或單寧相結合（就紅酒來說），以形成該葡萄酒風格特有的均衡感。

講到葡萄酒風格，英文的說法比較直接了當：酒體，所以有輕酒體、中度酒體以及飽滿酒體的說法。相對而言，法式的說法是纖細、豐腴和圓潤（紅酒的話，可以加入渾厚的選項）。

白酒的風格

要定義白酒的風格，其中牽涉整體均衡的因素只有兩個：酸度與酒精。

依據主導的滋味，白酒有下列風格：

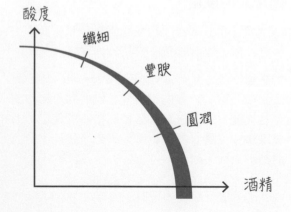

– **酸度為主導**：當酒的酸度鮮明、酒精感不明顯，這類酒就屬於酒體較輕、口感清爽的類型，即「纖細」風格（例如：來自羅亞爾河的白酒）

– **酒精為主導**：當酒精感鮮明、酸度較低，我們口中會有一種被充滿的感覺，其酒體很明確，即「圓潤」風格（例如：法國南部的白酒，像是隆河谷地、隆格多克地區等）

– **酸度與酒精共為主導**：有些酒的酸度與酒精的占比幾乎相同；因酒精之故，我們有飽滿的口感，同時又因為酸度而有起伏鮮明的輪廓，即「豐腴」風格（例如：布根地或波爾多產區的白酒）

紅酒的風格

以紅酒而言，牽涉整體均衡的因素有三個：酸度、酒精與單寧。

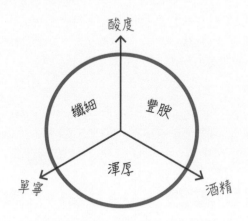

在理想狀態中，酸度、單寧與酒精必須達到完美的均衡。的確，一支有著三隻腳的凳子，可說再穩固不過了。

偉大的葡萄酒也都嘗試達成以上所說的「三角凳」平衡，不過往往必須經過多年熟成才能達到這個狀態。在酒齡年輕時，這些好酒都至少能做到扎實的「兩腳凳」均衡，也就是在酸度、單寧與酒精三者中，做到其中兩種主導元素的均衡。

依據其中兩種主導元素之別，我們可以辨別出三種紅酒風格：

- **酸度與單寧共為主導**：這類酒有單寧帶來的一定結構與酸度帶來的清鮮感，但由於酒精度不特別高，所以沒那麼「多肉」，即「纖細」風格（例如：來自羅亞爾河的希濃與布戈憶產區）

- **酒精與單寧共為主導**：這類酒有單寧帶來的骨幹與酒精帶來的肉感，且通常架構扎實、口感飽滿，即「渾厚」風格（例如：波爾多或隆河谷地紅酒）

- **酒精與酸度共為主導**：一如以酒精與酸度為主要均衡元素的白酒，這類紅酒並不缺乏飽滿度，但酒質比上一類「渾厚」類型的酒嚐來更加柔軟，這是因為它的骨幹不那麼壯大、肉感較足，即「豐腴」風格（例如：布根地或薄酒來）

甜酒風格的干性葡萄酒

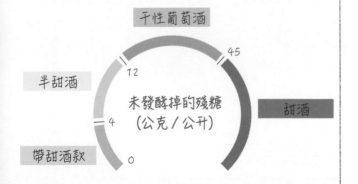

干性葡萄酒

半甜酒

帶甜酒款

45

12

4

0

未發酵掉的殘糖
（公克／公升）

甜酒

酒中的殘糖量差距非常大，從每公升4公克到200公克都有可能，差了50倍之多！這差距遠大於干性葡萄酒的酸度或酒精度之差（多數酒精度位於11~15%，差距不過約1.4倍）。

因此我們可以瞭解到：影響甜酒風格最重要的因素是酒中的殘糖，而酸度與酒精的影響相對較小。只是，酸度對整體酒風的影響仍不可忽視，它可平衡甜味，不讓酒質如糖漿般容易膩。

一般我們將甜酒的甜味分為三個層次：

- 每公升4~12公克殘糖，屬於半甜酒
- 每公升12~45公克殘糖，屬於帶甜酒款
- 每公升超過45公克殘糖，屬於甜酒

香氣與風格

雖說葡萄酒的風格主要與結構和均衡有關，但香氣也可用於描繪葡萄酒的風格展現，像是「偏果香類型的酒」、「偏花香系的酒」或「偏木質氣韻的酒」。

路西安的品酒小建議

確認葡萄酒的風格對於酒搭餐有很大幫助，我們可以將「體裁豐腴程度」以及「力道」相當的酒與菜相搭，才不會產生強壓弱的問題，達成最佳聯姻！

品酒記錄表

利用以下品酒紀錄樣表，方便您在拜訪酒莊、參與大型酒展或上餐館用餐飲酒時，都能即時記錄品酒印象。

好好地花一些時間品嚐與記錄，可讓您更深入地欣賞該酒款，並更新您的葡萄酒知識。請

把每次的品飲紀錄都當作「課後習作」！您可參閱前幾頁的品酒技巧敘述、對頁的香氣歸類整理以及下面的預填範例，來填寫您的品酒紀錄。祝您品酒愉快！

品酒紀錄表　第 26 號	
釀造者：Château Belvue	法定產區：梅多克
酒款／葡萄酒年份：2019	釀酒品種：卡本內蘇維濃／梅洛
產區：波爾多	顏色／酒種：紅酒
眼觀（酒色、色澤深度、杯緣反光）： 深紅石榴色、杯緣帶紫色反光	風格（白酒）： 酸度 纖細 豐腴 圓潤 酒精
嗅聞（香氣）： 花香調、黑色水果氣息、甘草，具良好複雜度	
口嚐（均衡、餘韻長度）： 第一觸感顯得清鮮，之後滋味開始綻放，單寧豐富，目前仍顯緊澀；尾韻美長，以果香與一絲燻烤氣韻作結	風格（紅酒）： 酸度 纖細　豐腴 渾厚 單寧　酒精
儲存潛力： ☐ 0到5年 ☒ 5到10年 ☐ 10到15年 ☐ 20年以上	總體品嚐印象： 佳釀、滋味豐富、目前尚年輕，需要再等 餐酒搭配： 鴨柳條佐牛肝蕈	評分： ★ ★ ★ ★ ★

葡萄酒香氣彙整表

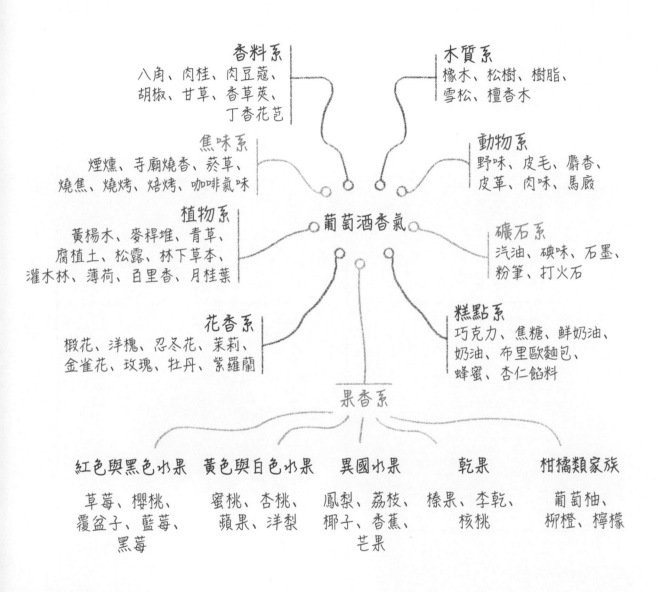

香料系
八角、肉桂、肉豆蔻、
胡椒、甘草、香草莢、
丁香花苞

木質系
橡木、松樹、樹脂、
雪松、檀香木

焦味系
煙燻、寺廟燒香、菸草、
燒焦、燒烤、焙烤、咖啡氣味

動物系
野味、皮毛、麝香、
皮革、肉味、馬廄

植物系
黃楊木、麥稈堆、青草、
腐植土、松露、林下草本、
灌木林、薄荷、百里香、月桂葉

葡萄酒香氣

礦石系
汽油、碘味、石墨、
粉筆、打火石

花香系
椴花、洋槐、忍冬花、茉莉、
金雀花、玫瑰、牡丹、紫羅蘭

糕點系
巧克力、焦糖、鮮奶油、
奶油、布里歐麵包、
蜂蜜、杏仁餡料

果香系

紅色與黑色水果
草莓、櫻桃、
覆盆子、藍莓、
黑莓

黃色與白色水果
蜜桃、杏桃、
蘋果、洋梨

異國水果
鳳梨、荔枝、
椰子、香蕉、
芒果

乾果
榛果、李乾、
核桃

柑橘類家族
葡萄柚、
柳橙、檸檬

品酒紀錄表 第　　號

釀造者：

法定產區：

酒款／葡萄酒年份：

釀酒品種：

產區：

顏色／酒種：

眼觀（酒色、色澤深度、杯緣反光）：

風格（白酒）：

酸度

纖細

豐腴

圓潤

酒精

嗅聞（香氣）：

口嚐（均衡、餘韻長度）：

風格（紅酒）：

酸度

纖細

豐腴

渾厚

單寧

酒精

儲存潛力：

☐　0到5年

☐　5到10年

☐　10到15年

☐　20年以上

總體品嚐印象：

評分：

★
★
★
★
★

餐酒搭配：

釀造者：	法定產區：
酒款／葡萄酒年份：	釀酒品種：
產區：	顏色／酒種：

眼觀（酒色、色澤深度、杯緣反光）：

嗅聞（香氣）：

風格（白酒）：

酸度
纖細
豐腴
圓潤
酒精

口嚐（均衡、餘韻長度）：

風格（紅酒）：

酸度
纖細　豐腴
渾厚
單寧　　酒精

儲存潛力：

☐　0到5年

☐　5到10年

☐　10到15年

☐　20年以上

總體品嚐印象：

餐酒搭配：

評分：

★
★
★
★
★

上桌囉！

選擇好酒杯

工欲善其事，必先利其器。比較進階的葡萄酒愛好者，還是必須擁有好器具，以求事半功倍。

如您將珍藏10年的好酒，倒在類似小酒館的普通小杯子裡喝掉，這真是浪費了！

選擇好酒杯，得先跨越兩個層次。首先，要擁有真正的葡萄酒杯；也就是說，你的杯子至少要比在「瑞典居家用品連鎖店」裡賣的球型酒杯還要好一些（也不建議用從父執輩承接過來的厚重雕花水晶杯）。其次，必須配備不同類型的酒杯，以適應不同類型與風格的葡萄酒。

畢竟，您能想像一位經驗老道的木工師傅，手上用的卻是把全塑膠製的螺絲起子嗎？

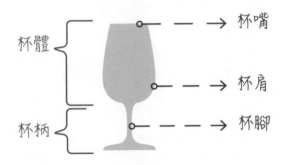

好酒杯的基本樣式

適合品酒用的葡萄酒杯有以幾個特點：

- 需要有可以手握的杯腳（杯柄要夠長），以防杯中酒液溫度上升（威士忌杯並不適合品嚐葡萄酒）

- 杯體要有足夠的高度與容量，好在晃杯時不致將酒灑出（杯體太短的球型杯就不適合）

- 杯體的杯嘴處必須收窄（杯肩的直徑必須比杯嘴的直徑來得寬大），以集中香氣（喇叭狀開口的杯子會讓香氣逸散）

不同種類的葡萄酒杯

給氣泡酒使用的長笛杯　　白酒標準用杯　　紅葡萄酒用的大酒杯

我們建議最少準備三種形式的杯子，以適應大多數類型與風格葡萄酒的需求：

- 給氣泡酒使用的笛型杯：杯體窄而高，避免氣泡過早消失於空氣中

- 中等容量的酒杯：適用於大多數白酒、粉紅酒，甚至是較為清爽的紅酒；並非所有的酒都需要大量接觸空氣來醒酒

- 大容量的酒杯：適用於品質更優秀的白酒與較渾厚的紅酒，以讓酒款可以大量接觸空氣來醒酒，並發展香氣、顯現架構

尚的品酒小建議

品酒時，酒要倒到多滿呢？建議是斟酒至杯體面積最廣的那個高度（請見左上角圖示的杯肩高度）。

如何達成良好的餐酒聯姻？

有句諺語說：「當有人餓了，與其給他一條魚，不如教他釣魚。」

同理，如果他渴了，最好教他餐酒聯姻的準則，而不是給他一張餐酒搭配對照表。

不過話說回來，這種對照表對於新手還是有好處的，他們可以快速地獲得餐酒搭配的解方，並測試個人喜好。因此，我們也在後幾頁提供大家一張對照表。

如果想在餐酒搭配學問上進步，以求自主搭配的同時不限於框架，那還是有幾個必須學習的準則。

酒菜力道必須勢均力敵

當酒與菜的力道達到均衡，兩者的聯姻才會和諧；它們會彼此對話，甚至互補。當一方壓倒另一方，聯姻就失敗了。

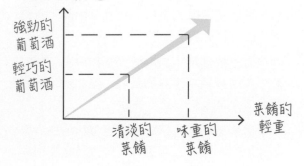

因此，第一個準則是「酒菜力道必須相當」。如果菜餚味道較清淡，比方貝類或生魚片，則最好選擇清雅的葡萄酒，像是法國北方的葡萄酒（例如：羅亞爾河谷地）。

如果菜餚味道較重較強勁（例如：碳烤牛排或野味），則必須選擇一款較渾厚且有個性的紅酒，比如優質的波爾多列級酒莊，或是隆河谷地的紅酒。

搭配甜點的話，基本上唯一的選擇就是甜酒，才能互相對話接招。因此，不要再以清爽帶酸味的香檳搭配飯後甜點啦……

漸強法則

用餐的上菜順序必須遵守「漸強」法則；先上清爽的冷盤前菜，後接魚鮮，再上肉類，最後才是甜點。

上酒的順序與節奏，同樣必須採用「漸強」規則。因此，必須避免一開始就品飲風味過於強勁的酒款，進而導致味蕾疲乏，無法品嚐出之後酒款的真實滋味。

鵝肝醬專案討論：以前老式的吃法，鵝肝醬都是在一餐最後才出現，此時搭配甜酒沒問題，而且是絕佳的酒菜聯姻範例。如今，許多餐廳一開始就推出鵝肝醬當前菜，此時不應搭甜酒，而建議飽滿豐腴的干白酒（例如：經橡木桶培養的布根地白酒、南部白酒，或甚至是單寧不重的清爽紅酒）。

以香氣來聯姻

雖然酒菜聯姻主要強調口感勁道的均衡，但以香氣的和諧度來思考，其實也是不錯的法子。比方一款老齡的聖愛美濃紅酒常帶有林下植物與松露氣息，此時搭以蕈菇為配菜的紅肉，就會很成功。

就甜點來說，以上邏輯也可運用：一款帶有糖漬水果香氣的索甸甜白酒，正適合搭杏桃甜派；帶可可氣息的班努斯（胡西雍地區的天然甜葡萄酒），則與巧克力為原料的甜食合搭。

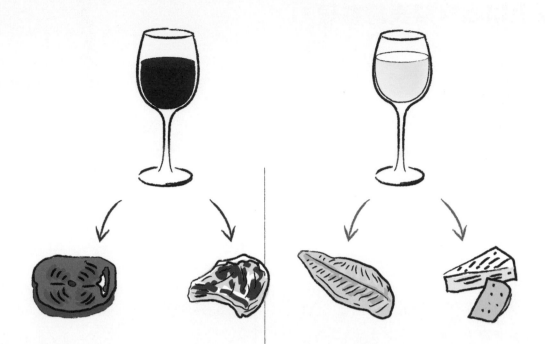

以顏色來聯姻

如果您是酒搭餐的初學者，或臨時欠缺想法，有個東西可以救您於一時——顏色——這大概是所有法則裡最不科學的那一個，但卻最直覺。白肉魚當然就搭白酒，紅肉就搭紅酒，而紅酒也可以搭……紅魚（不是你家魚缸的紅色金魚啦，是紅肉鮪魚）。

那乳酪呢？搭白酒囉。忘記傳統的紅酒搭法吧！在絕大部分情況下，白酒搭乳酪都比紅酒來得好。紅酒的單寧在搭配乳酪後常會變得堅硬，而且還帶股不宜人的「金屬味」。

地酒搭地食

同樣不太科學，不過地酒搭地食常有「一擊中的」的效果。食用貝類，請搭產地靠海的白酒，如蜜思卡得或是兩海之間的白酒；里昂地區的豬肉熟食盤，當然搭鄰居產區薄酒來；阿爾薩斯麗絲玲白酒，最佳夥伴就是酸菜豬肉盤；西南部產區紅酒的最契合聯姻，就是卡酥來砂鍋！

能將這個法則發揮到最淋漓盡致的，大概就是乳酪了。舉例來說，以夏維諾克魯坦山羊乳酪搭松塞爾白酒、孟斯戴乾酪搭阿爾薩斯格烏茲塔明那白酒、康堤乳酪搭侏儸區的黃酒……酒酪聯姻的名單可以說是沒完沒了，因為法國乳酪種類一如葡萄酒法定產區，都難以勝數！

夏洛特的聯姻小建議

您可以依據前述法則來實踐和諧的餐酒搭配。然而，由於各人品味有異，所以不管我們建議的法則有幾條，能讓您感動、胃口大開者，就是最好的餐酒搭配。

餐酒聯姻對照表總整理

選擇一款酒來搭餐不總是易事，尤其我們對某一產區的葡萄酒風格不熟悉時，更是如此。

以下表格能協助您快速找到對應產區以及適合搭餐的葡萄酒。

您可以在以下表格找到從前菜到甜點的菜餚大致分類，並找到可資搭配的葡萄酒產區，然後在擇一款酒來搭配。

有些餐酒搭配相當經典，另一些則不走老路，有些創意巧思。以鵝肝醬來說，您可以嘗試的選擇包括：

– **阿爾薩斯甜酒**（晚摘甜酒類型）

– **波爾多紅酒**（沒錯！尤其是梅洛品種為主的紅酒，以玻美侯和聖愛美濃為代表）

– **布根地白酒**

– **西南部產區甜酒**（例如：蒙巴季亞克產區）或羅亞爾河甜酒（例如：萊陽丘）

需要謹記在心的是，這些表格僅是推薦選項，餐酒搭配並不存在唯一的真理。重點是，您能從吃飯喝酒中獲得聯姻的樂趣，即便您的餐酒搭配選擇沒被列在以下表格中！

前菜與魚鮮

	豬肉熟食	鵝肝醬	貝類	甲殼類	烤魚	搭配醬汁的魚鮮
阿爾薩斯		●	●	●		●
薄酒來	●					
波爾多		●	●		●	●
布根地		●		●		
香檳			●	●		●
侏儸與薩瓦	●				●	
隆格多克–胡西雍						●
普羅旺斯–科西嘉				●	●	●
西南部產區		●			●	
羅亞爾河谷地	●	●	●		●	
隆河谷地					●	●

● 白酒　● 紅酒　● 粉紅酒　● 甜酒

120

肉類

	烤箱里的 烤禽類	淋上醬汁的 禽肉	燒烤白肉	淋上醬汁的 白肉	燒烤紅肉	淋上醬汁的 紅肉
阿爾薩斯			●			
薄酒來		●		●		
波爾多	●				●	
布根地	●	●	●			●
香檳				●		
侏儸與薩瓦		●	●			
隆格多克–胡西雍		●			●	
普羅旺斯–科西嘉					●	
西南部產區	●			●	●	●
羅亞爾河谷地			●	●		
隆河谷地	●	●		●	●	●

● 白酒　● 紅酒　● 粉紅酒　● 甜酒

乳酪與甜點

	布里乳酪	山羊乳酪	康堤乳酪	藍黴乳酪	水果類 甜點	巧克力類 甜點
阿爾薩斯				●	●	
薄酒來	●					
波爾多				●	●	
布根地	●	●	●			
香檳	●				●	
侏儸與薩瓦	●		●			●
隆格多克–胡西雍			●	●		●
普羅旺斯–科西嘉		●				
西南部產區				●	●	
羅亞爾河谷地	●	●			●	
隆河谷地		●				●

● 白酒　● 紅酒　● 粉紅酒　● 甜酒

路西安的餐酒搭配小建議

當然，這表格也可以反向使用，意思就是：
當您手上有一瓶欲開的酒時，也可以對照表格
決定適合烹煮以搭酒的料理！

窖藏與保存

優良酒窖的七個要素

> 葡萄酒自有其生命，它需要適合的環境好讓風味綻放。

> 如果想保存葡萄酒以待來日滋味達到頂峰，就必須遵守幾項規則。

被儲存在糟糕環境下的葡萄酒，不僅會提早老化，甚至風味還會轉壞。

想要闢建一個可容納較多瓶數的居家小酒窖者，在此提供幾項可遵循的規則。

1. **平躺酒瓶**：如此軟木塞才能接觸到酒液，避免乾縮之餘也減少滲酒的可能性（當心，烈酒不需平躺，因為其酒精度通常超過40％，最終可能會傷害到軟木塞）

2. **適當的儲存溫度**：最理想是攝氏12度，不要有過大溫差導致葡萄酒「疲累」（金科玉律：溫度低一些總比高一些好）

3. **控制濕度**：濕度控制在78~80％最佳（濕度太高會損壞酒標，並使軟木塞表層發霉；濕度不夠，軟木塞會乾縮進而導致滲酒）

4. **良好的通風**：進風口與出風口需有高低差，好讓通風順暢且更新空氣

5. **無光的保存環境**：葡萄酒怕光（尤其是香檳），因此絕大多數葡萄酒瓶都經上色處理；酒窖平日必須全暗，照明的燈光也必須柔和（不能有霓虹燈）

6. **無環境異味**：不要在近處存放食物或化學製劑，尤其不要把醋放在旁邊，這讓好酒有變壞的風險

7. **無震動的環境**：酒窖裡的葡萄酒，要讓其休養生息而非受震動干擾（不要把酒放在每分鐘高達1,200轉的洗衣機旁邊）

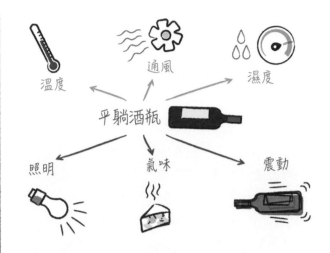

最後，建議不要將酒存放在原本的紙箱裡，否則可能因受潮而發霉（若是木箱則可暫存）。不過最佳保存方式，還是將酒瓶安置在金屬酒架上。

夏洛特的儲酒小建議

闢建理想的酒窖很不容易，尤其在公寓或是現代的房舍裡。最佳的Ｂ計畫是電子酒櫃；雖不便宜，但卻可良好地保存您的美酒。再不濟，請將你放酒的櫥櫃。遠離廚房（避免高溫與氣味的影響），然後環境愈涼爽愈好。

葡萄酒到底可以保存多久？

並非所有的葡萄酒都具有久儲實力……其實這樣也好！

有些酒就是釀來早飲的，有些再陳幾年會更美味。所以，我們總能隨時找到適飲的葡萄酒，不需總是要長年等待或急著喝掉。

下一頁的表格，依據產區列出各類葡萄酒的儲存潛力，但這只是理論上的平均值。好年份的儲存潛力會比普通年份的儲存潛力更優。即便是同產區，也會因為各酒莊釀酒品質的差異，導致儲存潛力有所不同。

表格中所提的儲存年限實力，是指那些不需要馬上喝掉的、有一定品質的酒款。

阿爾薩斯：釀自特級園的高貴品種（麗絲玲、格烏茲塔明那、灰皮諾）酒款以及甜酒（晚摘、貴腐甜酒），都具有良好的儲存潛力。

薄酒來：本產區主要以釀造年輕即飲型的葡萄酒為主，但部分釀自優質村莊的紅酒（摩恭、風車磨坊、弗勒莉）值得多陳幾年再飲。

波爾多：波爾多的優質紅酒（瑪歌、波雅克、聖愛美濃）以及甜酒（索甸與巴薩克），都具有超凡的儲存潛力。

布根地：本區最具儲存潛力的酒款，要往一級園和特級園去找，紅酒（玻瑪、哲維瑞-香貝丹等）與白酒（夏布利、梅索、蒙哈榭等）皆如此。

香檳區：一般比較少談論香檳的存放潛力，但年份香檳可以多放幾年再飲。

侏儸區：本區儲存潛力較強的酒，一種是干白酒（黃酒），另一種是甜酒（麥桿甜酒）。

隆格多克–胡西雍：本區部分法定產區紅酒（菲杜、密內瓦、寇比耶）可以多放幾年再喝，不過真正具有超強儲存潛力的是當地的天然甜葡萄酒（班努斯、麗維薩特、莫利等）。

普羅旺斯：普羅旺斯是粉紅酒的大本營，不過邦斗爾法定產區以能夠久儲的紅酒而顯得特立獨行。

西南部產區：以釀造強勁紅酒見長的產區（卡歐、馬第宏），不過也釀造值得久儲的甜酒（蒙巴季亞克、居宏頌）。

羅亞爾河谷地：本區有兩個儲存潛力較佳的品種。第一是用以釀造干白酒與甜白酒的白梢楠（如梧雷、萊陽丘產區等），第二是用以釀造紅酒的卡本內弗朗（以希濃與布戈億為代表）。

隆河谷地：北隆河以希哈釀出遠近馳名的紅酒（羅第丘、聖喬瑟夫、艾米達吉），南部的教皇新堡法定產區則以格那希見長。北隆河的白酒也具不錯的儲存潛力，像是恭得里奧、聖喬瑟夫與艾米達吉。

路西安的儲酒小建議

要真確地知道某款酒是否已經適飲（已臻巔峰），唯一的辦法就是：打開喝喝看！
如您判斷它還值得多陳放幾年，那最好同樣的酒多買幾瓶囉！

產區	葡萄酒	2~5年	5~10年	10~20年	20年以上
阿爾薩斯	特級園	●	●		
	晚摘與貴腐甜酒		●	●	
薄酒來	優質村莊	●	●		
波爾多	干白酒		●	●	
	紅酒			●	●
	甜酒		●	●	●
布根地	一級與特級園白酒		●	●	
	一級與特級園紅酒		●	●	
香檳	年份香檳		●	●	
侏儸區	黃酒與麥稈甜酒		●	●	●
隆格多克–胡西雍	優質村莊紅酒	●	●		
	天然甜葡萄酒	●	●	●	
普羅旺斯	邦斗爾		●		
西南部產區	優質村莊紅酒	●	●		
	甜酒	●	●	●	
羅亞爾河谷地	干白酒（白梢楠）	●	●		
	紅酒（卡本內弗朗）	●	●		
	甜酒	●	●	●	●
隆河谷地	優質村莊白酒	●	●	●	
	優質村莊紅酒	●	●	●	

● 白酒　● 紅酒　● 甜酒

葡萄酒窖藏資料表

花時間將買來的美酒窖藏，就是希望能在酒質達到巔峰時品嚐它們，當然有好酒伴與好菜搭配就更加完美了！

建議您花點時間幫每支酒建立一個「窖藏資料表」，如此便可精準掌握最佳適飲期。

窖藏資料表	購買／取得地點：老爹酒窖
酒莊：Domaine Tempier	酒款：Cuvée Cabassaou
產區：普羅旺斯	酒色／酒種：紅酒
法定產區：邦斗爾	年份：2008

品酒筆記：

濃郁集中的好酒，有黑色水果、菸草氣息，很渾厚有料（2012年直接購自酒莊）

適飲期：

已經可喝，且還可陳放到至少2025年

共飲酒伴：

家族成員的生日聚會慶祝

餐酒搭配：

可搭配炭烤牛排，最後可以搭黑巧克力蛋糕？

窖藏資料表	購買／取得地點：
酒莊：	酒款：
產區：	酒色／酒種：
法定產區：	年份：

品酒筆記：

....
....
....

適飲期：

....
....
....

共飲酒伴：

....
....
....

餐酒搭配：

....
....
....

中法名詞對照表

一級與特級園白酒PREMIERS ET GRANDS CRUS
　　[B]
一級與特級園紅酒PREMIERS ET GRANDS CRUS
　　[R]
山吉歐維樹SANGIOVESE
干白酒BLANCS SECS
天然甜葡萄酒VINS DOUX NATURELS
孔布拉 （葡萄牙地名）COIMBRA
巴替摩尼歐PATRIMONIO
巴登BADE
巴薩克BARSAC
巴羅沙谷BAROSSA VALLEY
巴羅鏤BAROLO
斗羅 （葡萄牙葡萄酒）DOURO
仙梭CINSAULT
卡本內弗朗CABERNET FRANC
卡本內蘇維濃CABERNET-SAUVIGNON
卡瓦氣泡酒CAVA
卡托芭CATAWBA
卡利濃CARIGNAN
卡門內爾CARMÉNÈRE
卡歐CAHORS
古典奇揚第CHIANTI CLASSICO
布戈憶BOURGUEIL
布里乳酪BRIE
布依BROUILLY
布拉加 （葡萄牙地名）BRAGA
布雷特酵母BRETTANOMYCES
弗勒莉FLEURIE
瓦給哈斯VACQUEYRAS
甘希QUINCY
田帕尼優TEMPRANILLO
白梢楠CHENIN BLANC
皮蒙PIÉMONT
皮諾塔吉PINOTAGE

伊泊斯洗皮乳酪ÉPOISSES
吉恭達斯GIGONDAS
安茹ANJOU
年份香檳MILLÉSIMÉS
老米摩雷特乳酪VIEILLE MIMOLETTE
克羅茲－艾米達吉CROZES-HERMITAG
利瓦羅洗浸乳酪LIVAROT
利曼平原PLAINE DE LIMAGNE
利奧哈紅酒RIOJA
希哈SYRAH
杜林TURIN
貝沙克－雷奧良PESSAC-LÉOGNAN
邦斗爾BANDOL
里斯本LISBONNE
侏儸JURA
奇揚第地酒CHIANTI DU COIN
孟斯戴乾酪MUNSTER
居宏頌甜白酒JURANÇONS
帕里斯 （特洛伊王子）PÂRIS
松塞爾SANCERRE
法國葡萄酒雜誌 （刊物）LA REVUE DU VIN DE
　　FRANCE
法羅FARO
波特PORTO
金芬黛ZINFANDEL
阿得雷德ADELAIDE
阿連特如ALENTEJO
阿爾巴利諾ALBARIÑO
青酒VINHO VERDE
哈斯多RASTEAU
拱佐諾拉乳酪GORGONZOLA
洋香芹火腿JAMBON PERSILLÉ
洛克福藍黴乳酪ROQUEFORT
玻美侯POMEROL
玻瑪POMMARD

紅酒 VIN ROUGES
風車磨坊 MOULIN-À-VENT
哲維瑞－香貝丹 GEVREY-CHAMBERTIN
夏勿斯軟質白黴乳酪 CHAOURCE
夏比丘山羊乳酪 CHABICHOU
夏布利 CHABLIS
夏多內 CHADONNAY
夏威鈕霍丹乾酪 CROTTIN DE CHAVIGNOL
夏維諾克魯坦山羊乳酪 CROTTIN DE CHAVIGNOL
恭得里奧 CONDRIEU
格那希 GRENACHE
格拉夫 GRAVES
格烏茲塔明那 GEWURZTRAMINER
涅魯秋 NIELLUCCIU
特級園 GRANDS CRUS
班努斯 BANYULS
索甸 SAUTERNES
馬貢 MÂCON
馬得拉 MADÈRE
馬第宏 MADIRAN
馬爾貝克 MALBEC
馬爾堡 MARLBOROUGH
高麗烏爾 COLLIOURE
密內瓦 MINERVOIS
寇比耶 CORBIÈRES
寇達力 CAUDALIE
康門貝爾乳酪 CAMEMBERT
康科德 CONCORD
康堤乳酪 COMTÉ
康塔爾起司 CANTAL
教皇新堡 CHÂTEAUNEUF-DU-PAPE
晚摘與貴腐甜酒 VENDANGES TARDIVES ET
　　GRAINS NOBLES
梅多克 MÉDOC
梅洛 MERLOT
梅索 MEURSAULT
梧雷 VOUVRAY
甜酒 LIQUOREUX
符騰堡 WURTEMBERG
莫利 MAURY
莫爾比耶乳酪 MORBIER

都漢區 TOURAINE
麥稈甜酒 VIN DE PAILLE
喬瑟夫 SAINT-JOSEPH
斯泰倫博斯 STELLENBOSCH
普里尼－蒙哈榭 PULIGNY-MONTRACHET
普依－富塞 POUILLY-FUISSÉ
菲杜 FITOU
萊茵高 RHEINGAU
萊陽丘 COTEAU-DU-LAYON
隆布斯可 LANBRUSCO
隆河 RHONE
隆格多克－胡西雍地區 LANGUEDOC-ROUSILLON
黃酒 VIN JAUNE
塔維勒粉紅酒 TAVEL
愛諾特卡 （葡萄酒專賣店） ENOTECA
聖艾格起司 SAINTE-MAURE
聖奈克戴爾乾酪 SAINT-NECTAIRE
聖愛 SAINT-AMOUR
聖愛美濃 SAINT-ÉMILION
葛瑞爾起司 GRUYÈRE
葡萄酒學院 ACADÉMIE DU VIN
鉤特 CÔT
圖勒灰酒 GRIS DE TOUL
圖勒城 TOUL
瑪歌堡 CHÂTEAU MARGAUX
蒙巴季亞克 MONBAZILLAC
蒙路易 MONTLOUIS
蒙鐵布奇亞諾 MONTEPULCIANO
蒲福硬質乳酪 BEAUFORT
蜜思卡得 MUSCADET
摩恭 MORGON
摩塞爾河 MOSELLE
歐歇瓦 AUXERROIS
歐維涅區 AUVERGNE
優質村莊 CRUS
優質村莊紅酒 CRUS ROUGES
薄酒來 BEAUJOLAIS
豐沙爾 FUNCHAL
羅亞爾河谷地 VALEE DE LA LOIRE
羅曼尼康帝 ROMANÉE-CONTI
麗維薩特 RIVESALTES

誌謝

本書兩位作者感謝DUNOD出版社的效率與投注的時間心力，也感謝位於伯恩的Domaine des Croix酒莊莊主David Croix的接待與建議。一併感謝讓《漫畫葡萄酒》第一輯獲取成功的各家書店、記者、酒展企劃人員……當然還有廣大的熱情讀者們！

作者方斯瓦‧巴許洛感謝拿塔莉與路西安提供對話建議（尤其是「願原力與你同在」那段），也謝謝La Cave des Vins d'auteurs酒窖的支援，最後要感謝共同作者文森‧布瓊一起完成這本創作。

作者文森‧布瓊謝謝共同作者方斯瓦‧巴許洛再度合夥完成這美好的創作旅程；感謝Punny源源不絕的支持。

段落創意來源

103~127頁的實用手冊文字與繪圖，主要取自BUREAUDESVENDANGES.COM
網站。
© FRANÇOIS BACHELOT & VINCENT BURGEON